合格対策
Microsoft認定試験
AZ-104: Microsoft Azure Administrator
テキスト＆演習問題

吉田 薫［著］

リックテレコム

●補足情報について

「AZ-104 試験スキルのアウトライン」を下記に掲示しています。また、本書の刊行後、記載内容の補足が必要となった際には、下記に読者フォローアップ資料を掲示する場合があります。必要に応じてご参照ください。

http://www.ric.co.jp/book/contents/pdfs/13081_support.pdf

はじめに

本書は、Microsoft 認定試験「AZ-104：Microsoft Azure Administrator」（以下、AZ-104）の対策書です。AZ-104 に合格することで、認定資格「Azure Administrator Associate」を取得することができます。

「Azure Administrator Associate」は、Azure 管理者向けの中級レベルの認定資格です。この資格は、実務レベルの資格であり、まさに企業が求めるクラウド資格といえます。

日本電気（NEC）の教育センターである NEC マネジメントパートナーに勤務する筆者は、Microsoft Azure の技術トレーニングを長年担当しています。これまで技術トレーニングの参加者から、「Azure Administrator Associate を取得したいが、何から勉強を始めたらいいか分からない」、「どれくらいのスキルがあれば、AZ-104 の試験に臨むことができるか知りたい」などの意見を多く頂きました。

このような背景もあって、このたび、本書を執筆することになりました。本書の章立ては以下のとおりです。

第 1 章では、Microsoft 認定試験を初めて受験する読者向けに、認定試験と認定資格の概要について紹介します。続いて第 2 章から第 6 章までは、認定試験の出題範囲に合わせて、ポイントを絞った解説と章末問題で構成されており、短時間で無理なく勉強できる仕組みになっています。そして、第 7 章では、総仕上げとして模擬試験を掲載しています。実力試しにチャレンジしてください。

本書は試験対策本ではありますが、執筆にあたり、読者が問題や解答をただ暗記するのではなく、内容を理解し、「腹落ちする」ように、わかりやすく噛み砕いて解説することを心がけました。Azure 管理者としてのスキルアップに是非ご活用ください。

2021 年 8 月
吉田　薫

目次

第3章 ストレージの作成と管理 63

第4章 Azure コンピューティングリソースの展開と管理 99

第5章 仮想ネットワークの構成と管理 141

第6章 Azure リソースの監視とバックアップ 195

第7章 模擬試験 227

第1章

Microsoft Azure 認定試験および認定資格の概要

本書は、Microsoft Azure の認定試験「AZ-104」に合格し、認定資格「Azure Administrator Associate」を取得するための対策本です。では、Microsoft Azure の認定試験、認定資格とは、どのようなものなのでしょうか？まず、それらについて解説します。

1.1 Microsoft Azure 認定試験と認定資格

マイクロソフト社では、試験を通じて Microsoft Azure の専門知識を検証する「Microsoft Azure 認定資格」を提供しています。

Microsoft Azure 認定資格は、ワールドワイドで有効な資格であり、IT 管理者、開発者、AI 技術者などの役割ごとに細分化されています。図 1.1-1 は、IT 管理者および開発者向けの Microsoft Azure 認定資格を体系的に示したものです。

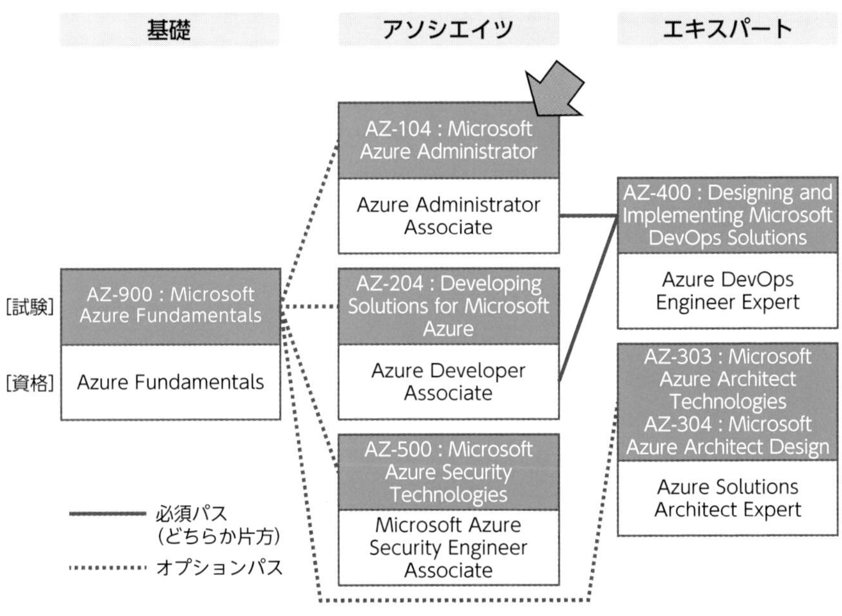

図 1.1-1　Microsoft Azure 認定試験と認定資格

Microsoft Azure 認定資格を取得するには、その認定資格に対応する試験を受験し、合格する必要があります。難易度は、やさしい順に「基礎」、「アソシエイツ」、「エキスパート」の 3 段階となっています。

基礎およびアソシエイツの認定資格は、試験と 1 対 1 で対応しています。たとえば、基礎の認定資格「Azure Fundamentals」は認定試験「AZ-900」[※1]に、また、アソシエイツの認定資格「Azure Administrator Associate」は認定試験「AZ-104」にそれぞれ合格することで取得できます。

一方、エキスパートの認定資格は若干複雑です。「Azure DevOps Engineer Expert」は、「AZ-104」または「AZ-204」のどちらかの認定試験に合格し、さらに認定試験「AZ-400」にも合格する必要があります。また、認定資格「Azure Solutions Architect Expert」は、「AZ-303」と「AZ-304」の両方の認定試験に合格する必要があります。

※1 基礎の認定試験「AZ-900」には、本書の姉妹書『合格対策 Microsoft 認定 AZ-900：Microsoft Azure Fundamentals テキスト＆問題集』（リックテレコム刊）をご活用ください。

1.2 認定資格「Azure Administrator Associate」と認定試験「AZ-104」

認定資格「Azure Administrator Associate」とは

本書がターゲットとしている認定資格「Azure Administrator Associate」は、Azure環境の実装、管理、監視に関する専門知識を持つことを証明する中級レベルの認定資格です。この資格を取得するには、認定試験「AZ-104」に合格する必要があります。

図 1.2-1　Azure Administrator Associate のロゴマーク

認定試験「AZ-104」とは

認定試験「AZ-104 : Microsoft Azure Administrator」は、Microsoft Azure の 6 か月以上の実務経験を持つ IT 管理者を対象としています。試験では、Azure ポータル、Azure CLI、Azure PowerShell、および Azure Resource Manager テンプレートを使用した Microsoft Azure の実装、管理、監視に関する次のスキルが評価されます。

表 1.2-1　評価されるスキル

スキル	出題の割合
Azure アイデンティティおよびガバナンスの管理	15～20%
ストレージの作成と管理	15～20%
Azure 計算資源の展開と管理	20～25%
仮想ネットワークの構成と管理	25～30%
Azure 資源の監視とバックアップ	10～15%

試験時間は 150 分で、途中休憩はありません。問題数は約 65 問です。合格点は 1,000 点満点で 700 点となっています（2021 年 8 月現在）。

POINT!

試験時間は 150 分もあり、かなり余裕があるので、あわてずに落ち着いて対応したい。すべての問題を解き終わった後は見直しを行おう！

認定試験「AZ-104」の申込み方法

Microsoft 認定試験は、マイクロソフト社より委託された Pearson VUE（ピアソンビュー）が運営するテストセンターで受験することができます。テストセンターは日本各地にあり、自分の都合のよい場所と日時を指定できます。試験の申込みは、認定試験「AZ-104」の公式ページ（https://docs.microsoft.com/ja-jp/learn/certifications/exams/az-104）から行うことができます。受験料は 21,103 円です（2021 年 8 月現在）。席が空いていれば、申し込んだ翌日に受験することも可能です。

図 1.3-1　認定試験「AZ-104」の公式ページ

1.4 認定試験「AZ-104」の出題形式

「AZ-104」をはじめ Microsoft 認定試験は、コンピューターを操作して、画面に表示される設問に回答していくオンライン試験です。

質問 8(40)　　残り時間 35:00
□ 後でレビューする
□ 後で答える

Azure は、マイクロソフトのクラウドサービスです
これは正しいですか？

○ A：はい
○ B：いいえ

ヘルプ　電卓　配色　リセット　戻る　次へ

図 1.4-1　オンライン試験のイメージ図

試験は、次の例のように問題文が表示され、適切な答えを選択肢から選ぶクイズ形式となっています。もちろん、日本語で受験することができます。

問題： あなたは、1 つの仮想ネットワークに Azure 仮想マシン VM1、VM2 をデプロイする予定です。VM1 と VM2 は別々のサブネットに配置します。VM1 と VM2 が通信するためには、どのような操作が必要ですか？

A. サブネットとサブネットをピアリングする
B. サブネットに VPN ゲートウェイをデプロイする
C. サブネットにネットワークセキュリティグループを割り当てる
D. 操作は必要ない

[答] D

出題パターンは、前ページに示した択一選択をはじめ、さまざまなものが用意されています。表 1.4-1 にその例を紹介します。

表 1.4-1　出題パターン

出題パターン	説明
択一選択	・複数の選択肢から正解を 1 つ選ぶ最もオーソドックスな出題パターン
複数選択	・複数の選択肢から正解を複数選ぶ。いくつ選ぶべきかについては、問題文に明示されている ・すべて正解しなくても部分点がもらえる
ドラッグアンドドロップ	・複数の選択肢を並べ替える ・この出題パターンは、正しい操作手順を指定する問題などで用いられる ・選択肢には、使用しないものも含まれているので注意する
ホットスポット	・Azure ポータルなどの画面キャプチャが表示され、受験者は適切な場所をクリックする ・実際にクリックできる場所は緑色の枠で示される。厳密なクリック位置の調整は必要としない
シナリオ	・課題に対して、その解決策が提示される。受験者は、解決策により課題が解決するか否かを「はい」または「いいえ」で答える ・課題自体は変わらず、解決策が変わり、数問出題される ・他とは異なり、このシナリオ問題は見直しを行うことができない
ケーススタディ	・架空の企業のケーススタディが示され、それに関連する問題が数問出題される ・それぞれの問題は独立しているため、他の問題には影響を与えない

試験は、3 つのセクションに分割されています。まず、択一選択、複数選択、ドラッグアンドドロップ、およびホットスポットの問題で構成されたセクション（約 58 問）が出題されます。次に、シナリオ問題のセクション（約 3 問）が出題され、最後が、ケーススタディ問題のセクション（約 4 問）となっています。見直しはセクション単位で行えるようになっており、セクション内であれば、自由に問題を行き来し、見直しができます。ただし、次のセクションへ進むと前のセクションの見直しはできません。また、シナリオ問題のセクションだけは、まったく見直しができませんので、1 問 1 問しっかりと解答していく必要があります。なお、次のセクションへ進む際には、確認画面が表示されます。

POINT!

もし試験に不合格になっても、再受験が可能である。マイクロソフト社のリテイクポリシーにより、2 回目は 1 回目の試験から 24 時間経過後に受験できる。3 回目以後は、再受験まで 14 日間のインターバルが必要となる。なお、1 回目の受験日から 1 年間で最大 5 回まで受験できる。

1.5 認定試験「AZ-104」の勉強方法

本書は、試験対策に特化したものです。資格取得のために、本書を繰り返し勉強し、試験に臨んでください。なお、Microsoft Azureの体系立てた知識や技術的な知識が必要な場合、もしくは具体的な操作手順を知りたい場合は、次の資料と合わせて本書を読んで頂くと効果的です。

Microsoft Learn

Microsoft Learnは、マイクロソフト社公式の無料のオンライントレーニングです。日本語化された学習テキストと、Azureを操作する演習が用意されています。演習では、Azureを契約していなくても、「サンドボックス」と呼ばれる仮想環境を介して実際にAzureを操作することができるのが最大の特徴です。

Microsoft Learnでは、認定試験「AZ-104」に対応した次のラーニングパスが用意されています。

- AZ-104：Azure管理者向けの前提条件
- AZ-104：AzureでのIDとガバナンスの管理
- AZ-104：Azureでのストレージの実装と管理
- AZ-104：Azureのコンピューティングリソースのデプロイと管理
- AZ-104：Azure管理者向けの仮想ネットワークの構成と管理
- AZ-104：Azureリソースの監視とバックアップ

図 1.5-1　Microsoft Learn

Microsoft Learn のラーニングパスへのリンクは、認定試験「AZ-104」の公式ページ(https://docs.microsoft.com/ja-jp/learn/certifications/exams/az-104) にあります。

マイクロソフト認定トレーニング

認定試験「AZ-104」に対応したマイクロソフト認定トレーニングの「Microsoft Azure Administrator」が、有料にて全国で実施されています。

マイクロソフト認定トレーニングでは、マイクロソフト社が監修したトレーニングテキストを使用し、高いスキルを持つテクニカルインストラクターがトレーニングを実施します。演習も用意されており、実際に Microsoft Azure を操作することができます。詳しくは、各トレーニングベンダーの公式ページを参照してください。

図 1.5-2　マイクロソフト認定トレーニング（提供：NEC マネジメントパートナー）

Microsoft Docs

Microsoft Azureの詳細な仕様やアーキテクチャについては、ドキュメントで確認し、知識を深めて頂けたらと思います。Microsoft Azureの各種ドキュメントは、Microsoft Docs（https://docs.microsoft.com/ja-jp/azure/）で公開されています。Microsoft Docsは、「読みやすさ」に注力した新しいドキュメントサービスです。スマートフォンなどのモバイル端末でも読みやすいようにレイアウトされているので、電車の中などの空き時間を活用して勉強できます。

図 1.5-3　Microsoft Docs

1.6 認定資格「Azure Administrator Associate」の有効期限と更新方法

頑張って取得した認定資格は末永く維持したいものです。認定資格「Azure Administrator Associate」の有効期限は1年ですが、Microsoft Learn の更新アセスメントに合格することで、有効期限を延長できます。有効期限が切れる6か月前から、Microsoft Learn の更新アセスメントを無料で受験することができ、これに合格すれば、現在の有効期限が1年間延長されます。つまり、認定試験を受け直す必要はありません。なお、Microsoft Learn の更新アセスメントはテストセンターへ出向くことなく、好きな場所で何回でも再受験が可能です。その際、1回目と2回目はすぐに受験できますが、3回目以降は、再受験まで24時間待つ必要があります。

図1.6-1の認定ダッシュボード（https://aka.ms/CertDashboard）で、自分が保有する認定資格の有効期限をいつでも確認できます。

図1.6-1　有効期限を通知する認定ダッシュボード

POINT!

認定資格の有効期限までに更新アセスメントに合格できなければ、資格は失効となる。その場合は、再度、認定試験を受験する必要がある。

第 2 章

Azure アイデンティティおよびガバナンスの管理

Microsoft Azure のアイデンティティおよびガバナンスの管理では、すべてのユーザーと管理者を対象に、適切なレベルでのアクセスを実現するとともに、不必要な操作を禁止することで、企業規則を確実に守る（ガバナンスを実現する）ことができます。

2.1 Azure AD オブジェクトの管理

Azure AD とは

Azure Active Directory（以下、Azure AD）は、クラウドベースのユーザー管理サービスです。Microsoft Azure は、Azure AD のユーザーアカウントを使ってサインインし、そのユーザーが持つアクセス権によって、操作できる範囲が決定されます。また、Azure AD は Microsoft 365 や他のクラウドサービスのアクセス管理でも使用されています。

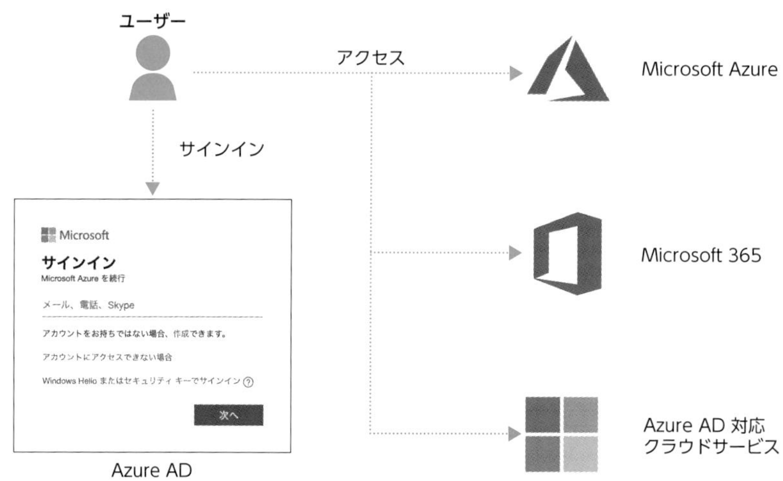

図 2.1-1　Azure AD の概要

Azure AD テナントを作成する

Azure AD を使用するには、まず、Azure AD のデータベースである「Azure AD テナント」を作成する必要があります。Azure AD テナントは、「Azure AD ディレクトリ」とも呼ばれています。Microsoft Azure を使用するには Azure AD テナントは必須のため、初めて Microsoft Azure を契約する際に、自動的に新しい Azure AD テナントが作成されます。なお、Microsoft 365 など、マイクロソフト社の別のクラウドサービスで Azure AD テナントが作成済みの場合、Microsoft Azure でそれらの Azure AD テナントを利用することもできます。

Azure AD テナントは、Azure の管理ツールである Azure ポータルを使用し、必要に応じて複数作成できます。たとえば、「開発用」、「テスト用」、「本番用」など用途に合わせて Azure AD テナントを作成し、使い分けることが可能です。

図 2.1-2　Azure ポータルによる Azure AD テナントの作成

Azure AD テナントを管理する

新しく Azure AD テナントを作成したユーザーは、自動的にその Azure AD テナントのグローバル管理者になります。**グローバル管理者は、Azure AD テナントに対してフルアクセス権を持ち、Azure AD のアクセス権ですべての管理操作ができます。つまり、Azure AD テナントを作成した直後、作成したユーザーのみが Azure AD テナントを管理できます。**なお、Azure AD のアクセス権の詳細は P. 43「Azure AD ロールとは」を参照してください。

Azure AD テナントにカスタムドメイン名を割り当てる

Azure AD テナントで作成するユーザーのユーザー名は、電子メールアドレスと同じ形式で「< ユーザー名 >@< ドメイン名 >」です。< ドメイン名 > は、Azure AD テナントを作成する際に「初期ドメイン名」として指定します。この初期ドメイン名のフォーマットは、「< 任意の文字列 >.onmicrosoft.com」と決められています。< 任意の文字列 > はワールドワイドで利用可能なものを自由に取得できますが、同じものを重複して用いることはできません。また、取得は早いもの勝ちとなっています。短い名前やわかりやすい名前はすでに他のユーザーが取得していることが多いため、Azure AD の新規ユーザー名は複雑になりやすく、サインインする際には、長くてわかりづらいユーザー名を入力しなければなりません。

この問題を回避する方法として、初期ドメイン名とは別にカスタムドメイン名を追加し、それを初期ドメイン名の代わりに使用できるようになっています。カスタムドメイン名には固定のフォーマットはなく、日頃使用している「contoso.com」や「adatum.com」などのドメイン名が利用可能です。ユーザー名を「user@contoso.com」などのような日常使用している電子メールアドレスと同じ形式にすることができ、ユーザーの利便性が向上します。

初期ドメイン名によるサインイン

独自のユーザー名でサインインが複雑

カスタムドメイン名によるサインイン

メールアドレスをそのまま使用できるため、サインインが簡単

図 2.1-3　カスタムドメイン名の利用

ただし、カスタムドメイン名といっても、好き勝手なドメイン名を追加できるわけではありません。追加できるカスタムドメイン名は「あなたが所有しているドメイン名に限る」というルールがあります。Microsoft Azure は、それを確認するため、**カスタムドメインで TXT レコードまたは MX レコードの DNS レコードを作成するように要求してきます。** もし、あなたがドメイン名を所有しているのであれば、カスタムドメインでこの DNS レコードを作成できるはずです。言い換えると、DNS レコードを作成できれば、ドメイン名を所有していることが証明されるわけです。

Microsoft Azure は、DNS レコードをチェックし、カスタムドメインの追加を許可します。なお、この DNS レコード自体には特に意味はないので、Microsoft Azure によるチェックが完了したら、DNS レコードを削除しても影響はありません。

図 2.1-4 カスタムドメイン名の追加

POINT!

Azure がカスタムドメインをチェックするために作成すべきレコードの種類は、TXT レコードまたは MX レコードである。どちらのレコードを作成しても構わない。カスタムドメインをホストする DNS サーバーでサポートされているレコードの種類に合わせて作成すればよい。

Azure AD ユーザーを作成する

Azure を使用するユーザー（利用者）には、Azure AD ユーザーが必要です。複数のユーザーで単一の Azure AD ユーザーを共有することもできますが、アクセス監査が難しくなるため、ユーザーごとに Azure AD ユーザーを作成することが推奨されます。Azure AD ユーザーの種類には、ユーザー（組織内ユーザー）とゲストユーザーがあります。

表 2.1-1　Azure AD ユーザーの種類

種類	説明
ユーザー（組織内ユーザー）	Azure AD テナント内の一般的なユーザー。ユーザー名には初期ドメイン名またはカスタムドメイン名を含む
ゲストユーザー	Azure AD テナント外のユーザー。たとえば、gmail.com や outlook.com などの電子メールアドレスがあれば、誰でも招待し、ゲストユーザーとして登録できる

図 2.1-5　Azure AD ユーザーの作成

ゲストユーザーの招待を許可または拒否する

ゲストユーザーは、ユーザー名に任意のメールアドレスを使用した Azure AD ユーザーです。カスタムドメイン名と比べて色々なメールアドレスを簡単に追加できます。ゲストユーザーの登録後は一般的なユーザーと同様に管理できるため、組織外のユーザーと共同作業する場合に便利です。ゲストユーザーを登録するには、まず、対象のメールアドレスに招待メールを送信し、その招待メールに応答してもらう必要があります。

Azure AD テナント単位で、ゲストユーザーの招待を許可または拒否することもできます。ゲストユーザーの招待を許可または拒否するには、まず、Azure ポータルから［Azure Active Directory］→［ユーザー設定］の順に選択します。そして、［外部コラボレーションの設定を管理します］をクリックし、［ゲスト招待の設定］を構成します。

このとき、**最も制約の強い［管理者を含む組織内のすべてのユーザーがゲストユーザーを招待できない］を選択すると、ゲストユーザーを招待しようとしても、［Generic authorization exception（承認の一般的な例外）］というエラーメッセージが表示され、ゲストユーザーを一人も招待できなくなります。**

図 2.1-6　外部コラボレーションの設定

Azure AD ユーザーでサインインする

Web ブラウザを使用し、Azure ポータルや Microsoft 365 などの Azure AD 対応のアプリにアクセスすると、（まだ Azure AD にサインインしていなければ）自動的に Azure AD のサインイン画面へリダイレクトされます。ここで Azure AD ユーザー名とパスワードを入力することで、Azure AD ユーザーとしてサインインが完了します。

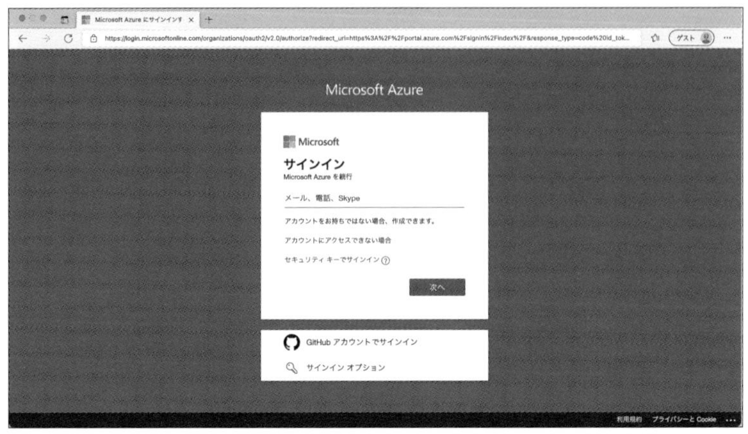

図 2.1-7　Azure AD へのサインイン画面

Azure AD へのサインインのセキュリティを強化したい場合は、多要素認証（MFA：Multi-Factor Authentication）を有効化します。多要素認証では、Azure AD へのサインイン時の本人確認をユーザー名とパスワードだけでなく、携帯電話や指紋スキャン、顔面認証などを組み合わせて実施することで、なりすましを防ぎ、安全なサインインを実現します。

Azure AD グループを作成する

Azure AD ユーザーを束ねるために、オプションで Azure AD グループを作成することもできます。Azure AD ユーザーではなく、Azure AD グループにアクセス権を割り当てれば、グループ内のすべてのユーザーにまとめてアクセス権が割り当てられるため、管理を簡素化できます。なお、グループの種類には、セキュリティグループと Microsoft 365 グループがあります。

表 2.1-2　グループの種類

種類	説明
セキュリティグループ	一般的なグループ。Azure のリソースへのアクセス権を割り当てるために使用する
Microsoft 365 グループ （旧 Office 365 グループ）	Microsoft 365 のためのグループ。共有メールボックス、カレンダー、ファイル、SharePoint ファイルなどへのアクセス権を割り当てるために使用する。また、**「有効期限ポリシー」を使用することで、一定期間後にグループを自動的に削除できる特徴がある**

動的グループメンバーシップルールとは

Azure AD グループのメンバーは、基本的に Azure AD ユーザーの中から選択して決定しますが、「動的グループメンバーシップルール」を使用すると、Azure AD ユーザーの属性の値にもとづいて動的にメンバーを決定することもできます。動的グループメンバーシップルールは、簡単なクエリーで表現されます。たとえば、次のクエリーは、属性の部門（user.department）が営業部（sales）である Azure AD ユーザーをグループメンバーとするルールです。

```
user.department -eq "sales"
```

Azure AD グループには、所有者として Azure AD ユーザーを割り当てることができます。所有者は、そのグループのメンバーを自由に変更することができますが、動的グループメンバーシップルールにより決定したメンバーは変更できません。

POINT!

動的グループメンバーシップルールは、セキュリティグループと Microsoft 365 グループのどちらでも利用できる。

複数の Azure AD テナントを管理する

ユーザーが複数の Azure AD テナントを所有している場合、Azure ポータルでは、Azure AD テナントを切り替えて操作することができます。切り替えには、**Azure ポータルの画面右上の［ディレクトリ＋サブスクリプション］アイコンを使用します。また、Azure ポータルにアクセスした際の既定の Azure AD テナントを指定することもできます。**

図 2.1-8　Azure AD テナントの切り替え

Azure AD の利用料金

Azure AD には、無料、Office 365 アプリ、Premium P1、Premium P2 の 4 つのエディションがあり、それぞれ利用可能な機能と料金が異なります。たとえば、前述の動的グループメンバーシップルールを利用するには、Premium P1 以上のエディションが必要となります。

表 2.1-3　Azure AD のエディションの比較（抜粋）

	無料	Office 365 アプリ	Premium P1	Premium P2
最大オブジェクト数	500,000	無制限	無制限	無制限
シングルサインオン	10	無制限	無制限	無制限
ユーザーおよびグループ管理	○	○	○	○
デバイス管理	○	○	○	○
Azure AD Connect 同期	○	○	○	○
多要素認証	○	○	○	○
ログオンページのカスタマイズ		○	○	○
動的グループ			○	○
条件付きアクセス			○	○
Connect Health			○	○
Identity Protection				○
Privileged Identity Management				○

既定の Azure AD テナントは、無料エディションとなっています。有償の Azure AD Premium エディションに切り替えるには、ユーザーごとにライセンスを割り当てる必要があります。**ユーザーへのライセンスの割り当ては、Azure ポータルから［Azure Active Directory］メニューを開き、ユーザーアカウントのプロパティの［ライセンス］ブレードで行います。**

図 2.1-9　ユーザーへのライセンスの割り当て

オンプレミスの Active Directory Domain Services と統合する

多くの企業では、オンプレミス（企業内ネットワーク）のユーザー管理サービスとして Active Directory Domain Services（以下、AD DS）を採用しています。AD DS は、Windows Server の標準機能として長い間利用されてきました。AD DS と Azure AD は名前こそ似ていますが、特に関係はありません。ただし、**Azure AD Connect を使用すれば、両者を連携することができます。**

Azure AD Connect は、オンプレミスの Windows Server にインストール可能な無償のアプリです。このアプリを実行すれば、オンプレミスの AD DS のユーザーとグループを Azure AD へ定期的にコピーできます。ユーザーのコピーは、パスワードも含めて行うことが可能です。これにより、ユーザーは AD DS と Azure AD で同じユーザー名とパスワードを利用でき、AD DS と Azure AD のそれぞれにサインインする場合、覚えるアカウントが 1 つで済むので利便性が向上します。

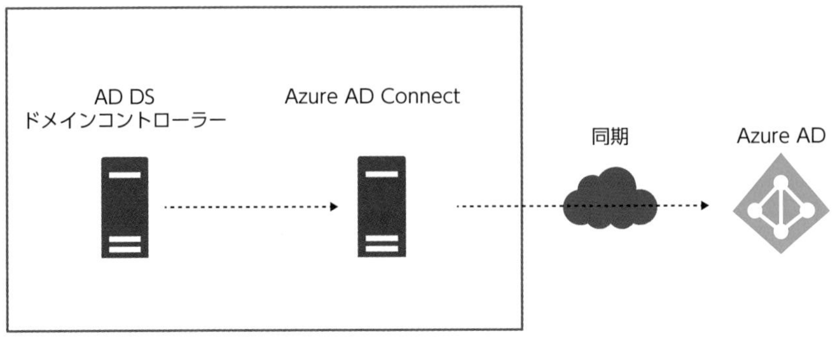

図 2.1-10　Azure AD Connect の仕組み

POINT!

Azure AD Connect は、AD DS から Azure AD への一方向の同期のみ可能。
Azure AD から AD DS へ同期することはできない。

Office 365 IdFix ツールで AD DS ユーザーの文字を検査する

AD DSユーザーのユーザー名や属性で使用できる文字の種類は、Azure AD ユーザーで使用できる文字と比べると、かなり柔軟です。たとえば、AD DSでは「y%shida」など「%」を含むユーザー名を作成できますが、Azure AD ではエラーとなります。そのため、Azure AD Connect で AD DS と Azure AD を同期するとき、AD DS のユーザー名によっては、Azure AD の厳しい文字制限によりエラーになるおそれがあります。

このようなエラーを避けるために、マイクロソフト社は Office 365 IdFix ツールを無償で提供しています。**Office 365 IdFix ツールは Windows ベースのアプリで、AD DS のユーザーやグループをスキャンして、Azure AD と同期する際に問題となる文字を検出します。また、問題となる文字は、このツールで修正することができます。** AD DS と Azure AD を連携する前に、一度、Office 365 IdFix ツールを実行するとよいでしょう。

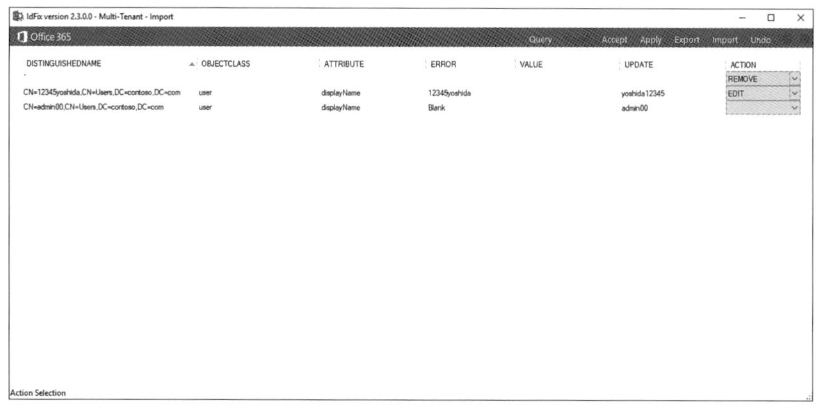

図 2.1-11　Office 365 IdFix ツール

POINT!

Office 365 IdFix ツールを使用すれば、AD DS と Azure AD を連携する前に、Azure AD で禁止されている文字が AD DS で使われていないかをチェックし、修正することができる。

Azure AD ユーザーの属性を変更する

Azure AD ユーザーには、ユーザーごとに属性すなわちジョブ情報（会社名や部門、役職など）と連絡先情報（住所や電話番号など）を登録できます。この属性は、前述の動的グループメンバーシップでも利用されます。なお、**Azure AD Connect により同期された AD DS ユーザーに関しては、ジョブ情報は変更できず、連絡先情報のみが変更可能です。**

図 2.1-12　Azure AD ポータルの［プロファイル］ブレード

セルフサービスパスワードリセットを構成する

Azure AD Premium（P1 および P2）では、ユーザー自身が Web ブラウザを使用して、自身の Azure AD ユーザーのパスワードをリセットする「セルフサービスパスワードリセット」が利用可能です。この機能により、パスワードを忘れたユーザーは自分のパスワードを自らリセットできるので、わざわざ管理者にリセットを依頼せずに済みます。ただし、なりすましのユーザーがパスワードを勝手にリセットするセキュリティリスクも想定されるため、セルフサービスパスワードリセットでは、リセットする前に本人確認が必要となっています。本人確認の方法としては「ユーザーに紐付けた携帯電話が使用できるか」、「ユーザーのメールにアクセスできるか」、「事前に登録したセキュリティの質問に答えられるか」などがあります。

たとえば、セキュリティの質問では、「好きな食べ物は何ですか？」や「最初の恋人の氏名は何ですか？」などの質問があらかじめ用意されているので、その中から、いくつかを選択して、事前にユーザー側で答を登録しておきます。なお、**グローバル管理者であれば、質問そのものを新しく作成することもできます。**

パスワードリセットで利用できる認証方法、ユーザーがあらかじめ登録すべき質問の数、パスワードリセットに必要な質問の数は、Azure ポータルの［パスワードリセット］ブレードの［認証方法］で自由に構成できます。

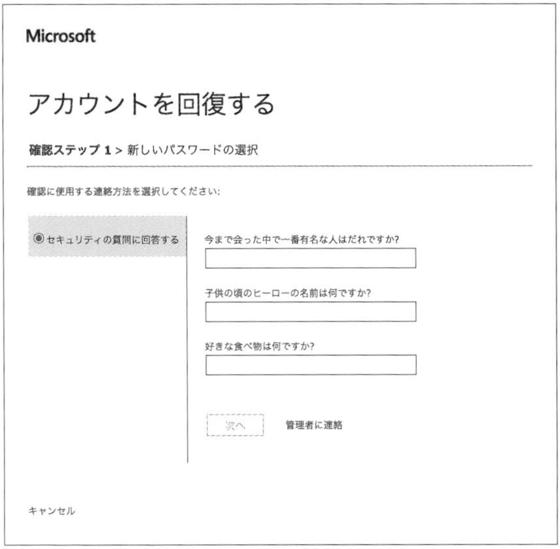

Microsoft

アカウントを回復する

確認ステップ 1 > 新しいパスワードの選択

確認に使用する連絡方法を選択してください:

◉ セキュリティの質問に回答する

今まで会った中で一番有名な人はだれですか?

子供の頃のヒーローの名前は何ですか?

好きな食べ物は何ですか?

次へ　管理者に連絡

キャンセル

図 2.1-13　セルフサービスパスワードリセット

Azure AD でデバイスを管理する

Azure AD は、ユーザーだけではなく、デバイスを管理することもできます。デバイスとは、Windows 10 や macOS などのコンピューターや、iPad、iPhone、Android などのタブレット、スマートフォンです。デバイスは Azure AD ユーザーに紐付けて登録します。これにより、たとえば、「ユーザーに紐付けされたデバイスのみ Azure AD へサインインできる」などのより高度なアクセス管理が可能となります。

デバイスを Azure AD へ登録する

Azure AD へデバイスを登録する方法には、表 2.1-4 の「Azure AD 登録」、「Azure AD 参加」、「ハイブリッド Azure AD 参加」の 3 種類があります。

表 2.1-4　Azure AD へのデバイス登録方法

登録方法	説明
Azure AD 登録	専用アプリなどを使用して、主に個人所有のデバイスを Azure AD へ登録する。Windows 10 だけでなく、macOS や iOS、Android のデバイスもサポートする
Azure AD 参加	Windows 10 コンピューターの [設定] から、Azure AD に参加する。これにより、Windows 10 へログインする際、直接、Azure AD ユーザーでログオンできるようになる。Windows 10 のみをサポートする
ハイブリッド Azure AD 参加	オンプレミスの AD DS を使用する Windows コンピューターが AD DS にログインすると、Azure AD にも透過的にサインインできるようになる。ドメインに参加している Windows 7 以上の Windows をサポートする

Azure AD 登録のデバイス数を制限する

Azure AD 登録では、Azure AD ユーザー自身が個人所有のデバイスを登録します。そのため、Azure AD ユーザーであれば、理論上、何台でもデバイスを登録できてしまいます。

この対策として、Azure ポータルから [Azure Active Directory] → [デバイス] → [デバイスの設定] の順に選択していき、[ユーザーごとのデバイスの最大数] で、登録可能なデバイスの最大数を設定します。既定では、**[ユーザーごとのデバイスの最大数] は 50 となっており、ユーザーによるデバイス登録は 50 台までに制限されています。50 台超のデバイスを登録するには、この最大数を変更する必要があります。**

図 2.1-14　ユーザーごとのデバイスの最大数

Azure AD 参加を行うコンピューターに独自の管理者を追加する

Azure AD 参加により、Windows 10 コンピューターにローカルユーザーではなく Azure AD ユーザーでログインができるようになります。さらに、**Azure AD 参加を行う際、そのコンピューターのローカル管理者グループには、Azure AD 参加を行った Azure AD ユーザーとグローバル管理者グループの Azure AD ユーザーが自動的に追加されます。**これにより、該当する Azure AD ユーザーは Windows 10 コンピューターを完全に管理することが可能です。また、任意の Azure AD ユーザーをローカル管理者グループに追加することも可能です。**具体的には、Azure ポータルから [Azure Active Directory] → [デバイス] → [デバイスの設定] の順に選択していき、[Azure AD 参加済みデバイスの追加のローカル管理者] で行います。**

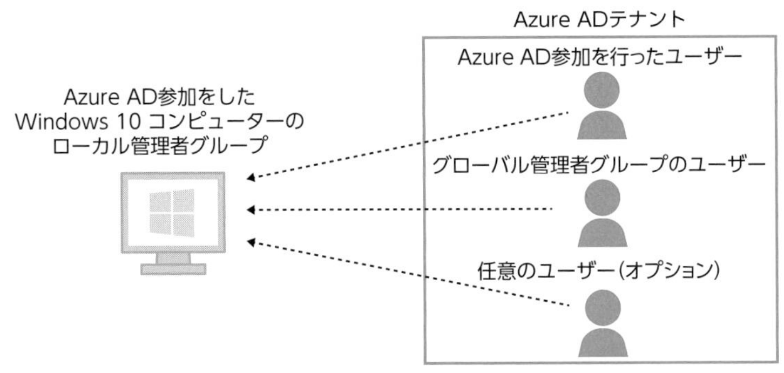

図 2.1-15　Azure AD 参加による Windows 10 ローカル管理者グループの更新

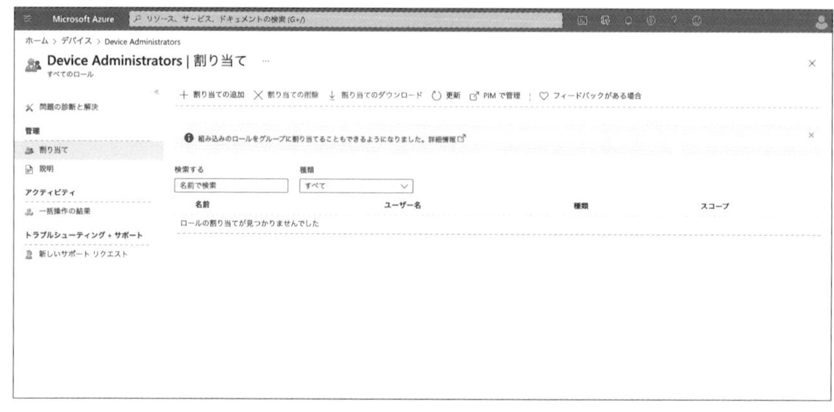

図 2.1-16　Azure AD 参加済みデバイスの追加のローカル管理者

デバイスをグループ化する

Azure AD グループはデバイスを含めて作成することが可能です。**グループの所有者であれば、他のユーザーが登録したデバイスを含めて任意のデバイスをグループに追加することができます。ただし、動的グループメンバーシップルールを使用した場合は、そのルールに一致したデバイスだけがグループに追加されます。**

条件付きアクセスとは

Azure AD では、正しいユーザー名とパスワードを入力すれば、誰でもサインインが可能です。これは言い換えると、ユーザー名とパスワードを盗み取れば、誰でもなりすまして Azure AD へサインインできることになります。このようなセキュリティリスクを軽減するために、Azure AD Premium P1 以上には「条件付きアクセス」が用意されています。条件付きアクセスは、その名前のとおり、Azure AD へのサインインに条件（制限）を付加し、セキュリティを向上させる機能です。条件は、「日本（の IP アドレス範囲）以外からのアクセスを禁止する」や「登録済みデバイス以外からのアクセスを禁止する」などを柔軟に構成できます。

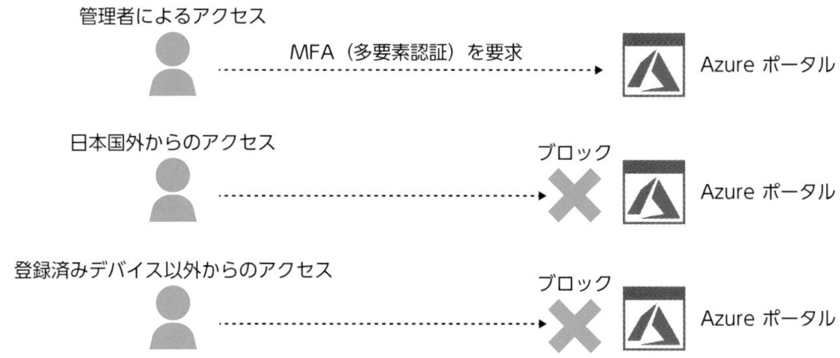

図 2.1-17 条件付きアクセス

条件付きアクセスを構成する

条件付きアクセスを構成するには、「条件付きアクセスポリシー」を作成します。ポリシーでは、表 2.1-5 のパラメーターを指定します。

表 2.1-5 条件付きアクセスポリシーで設定するパラメーター

パラメーター	説明
ユーザーとグループ	このポリシーの対象者となるユーザーおよびグループを指定する
クラウドアプリ	アクセス先となるクラウドアプリを指定する
条件	アクセスに使用するデバイスの種類、場所などを制限する
許可または拒否	許可または拒否を選択する。また、許可の場合でも、多要素認証などのセキュリティオプションを強制することができる
セッション	クラウドアプリがサポートしている場合、クラウドアプリ固有の操作制限を行う。たとえば、Exchange Online や SharePoint Online がこの機能をサポートしている

たとえば、管理者グループのユーザーが Azure ポータルにアクセスする場合、多要素認証を強制するには、表 2.1-6 のように構成します。

表 2.1-6　パラメーターの構成例

パラメーター	構成例
ユーザーとグループ	**管理者グループ**
クラウドアプリ	**Azure ポータル**
許可	**アクセス権の付与（ただし、多要素認証を要求）**
セッション	**なし**

ユーザーとグループ

クラウドアプリ

許可

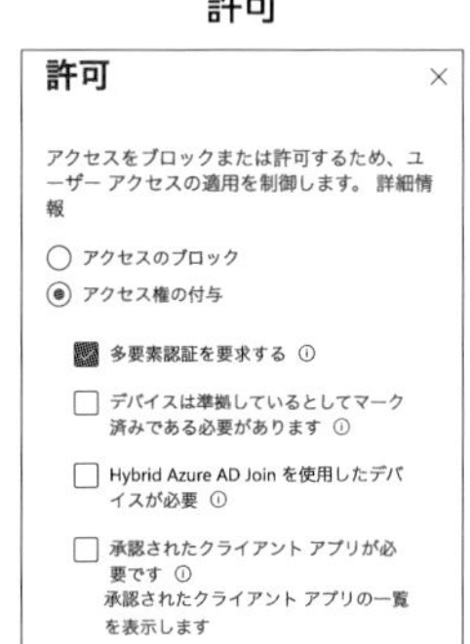

図 2.1-18　条件付きアクセスの設定例

2.2 ロールベースのアクセス制御（RBAC）の管理

ロールベースアクセス制御とは

Microsoft Azureでは、Azure ADにサインインしたユーザーができる事柄をロールベースアクセス制御（RBAC：Role Based Access Control、以下、RBAC）で管理します。RBACは、「IAM（Identity and Access Management）」とも呼ばれます。RBACでは、ユーザーやグループに対して、アクセス権限を持つロール（役割）を割り当てて構成します。たとえば、ユーザーに「仮想マシン共同作成者」のロールを割り当てると、そのユーザーは仮想マシンを管理できるようになります。

ロールを用意する

Microsoft Azureには、あらかじめ多くのロールが標準で用意されており、手軽にRBACを構成できます。このようなロールを「組み込みロール」と呼びます。表2.2-1に代表的な組み込みロールを示します。

表2.2-1　代表的な組み込みロール

組み込みロール	説明
所有者	フルアクセス権を持ち、すべてのリソースを管理できる
共同作成者	**フルアクセス権を持ち、すべてのリソースを管理できるが、別のユーザーへアクセス権を付与することはできない**
仮想マシン共同作成者、ネットワーク共同作成者	**特定のサービスに特化した管理者である。**たとえば、仮想マシン共同作成者は仮想マシンのみを管理でき、ネットワーク共同作成者はネットワークのみを管理できる
閲覧者	すべてのリソースを表示できるが、変更することはできない
ユーザーアクセス管理者	リソースは管理できないが、別のユーザーへアクセス権を付与できる
セキュリティ管理者	Security Centerを管理できる
セキュリティ閲覧者	Security Centerへの読み取りアクセスができる

POINT!

セキュリティ管理者ロールは、Security Center を管理するためのロールであり、別のユーザーへアクセス権を付与できないことに注意する。**別のユーザーにアクセス権を付与できるのは、所有者ロールまたはユーザーアクセス管理者ロールだけである。**

組織のニーズにフィットした組み込みロールが見つからなくても、ユーザー自身でロールを新しく作成できます。このようなロールは「カスタムロール」と呼ばれています。カスタムロールは、XML 形式に似た JSON（JavaScript Object Notation）形式のテキストファイルで作成し、Microsoft Azure へ読み込ませて使用します。

```
{
  "Name": "Custom Virtual Machine Role",
  "Id": "88888888-8888-8888-8888-888888888888",
  "IsCustom": true,
  "Description": "Can start and restart virtual machines.",
  "Actions": [
    "Microsoft.Compute/virtualMachines/read",
    "Microsoft.Compute/virtualMachines/start/action",
    "Microsoft.Compute/virtualMachines/restart/action"
  ],
  "NotActions": [
    " Microsoft.Authorization/*"
  ],
  "DataActions": [],
  "NotDataActions": [],
  "AssignableScopes": [
    "/subscriptions/{subscriptionId1}"
  ]
}
```

図 2.2-1　仮想マシンの開始と再起動のみを許可するカスタムロールの例

表 2.2-2　カスタムロールの要素

要素	説明
Name	カスタムロールの名前
Id	カスタムロールの一意な ID
IsCustom	カスタムロールであるかどうか。値が true ならカスタムロール
Description	カスタムロールの説明
Actions	許可されるアクション（操作）
NotActions	**禁止されるアクション（操作）。たとえば、すべてのアクセス権の付与を禁止する場合、" Microsoft.Authorization/*" を指定する**
DataActions	許可されるデータ種類
NotDataActions	禁止されるデータ種類
AssignableScopes	**カスタムロールが使用できるスコープ。サブスクリプションやリソースグループを指定できる**

組み込みロールからカスタムロールを作成する

Azure PowerShell の以下のコマンドを実行すると、組み込みロールの JSON ドキュメント形式のテキストデータを出力できます。このテキストデータを変更して、簡単にカスタムロールを作成することができます。

```
Get-AzRoleDefinition -Name <組み込みロール名> | ConvertTo-Json
```

```
— pwsh — 120×40
PS /Users > Get-AzRoleDefinition -Name "Reader" | ConvertTo-Json
{
  "Name": "Reader",
  "Id": "acdd72a7-3385-48ef-bd42-f606fba81ae7",
  "IsCustom": false,
  "Description": "View all resources, but does not allow you to make any changes.",
  "Actions": [
    "*/read"
  ],
  "NotActions": [],
  "DataActions": [],
  "NotDataActions": [],
  "AssignableScopes": [
    "/"
  ]
}
```

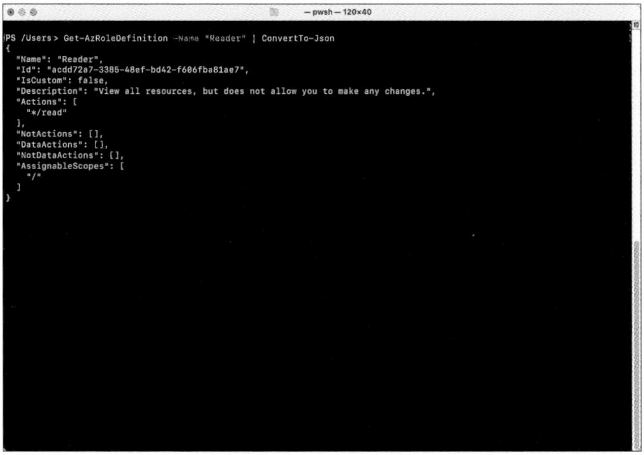

図 2.2-2　組み込みロール（閲覧者）の JSON ドキュメント形式のテキストデータ

ロールを割り当てる

ユーザーやグループに対するロールは、Microsoft Azure のサブスクリプション、リソースグループ、リソースのそれぞれに割り当てることができます。上位の階層に割り当てたロールは、下位の階層へ「継承」されます。たとえば、ロールをリソースグループに割り当てた場合、そのリソースグループ内のすべてのリソース（仮想マシンやディスクなど）へ継承されることになります。

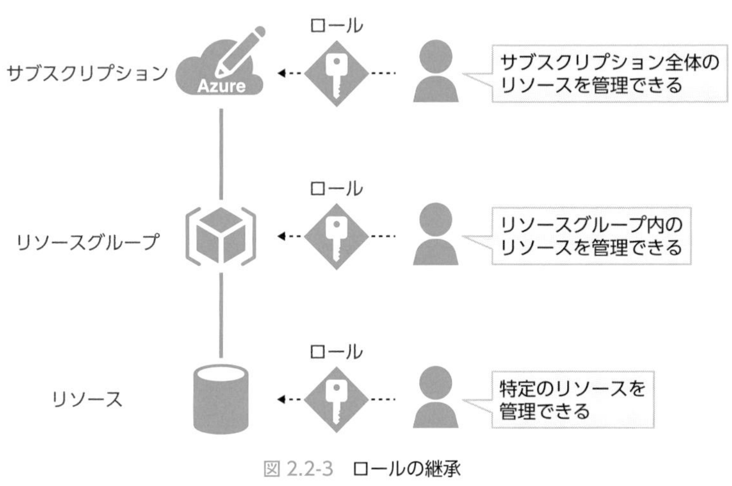

図 2.2-3　ロールの継承

最終的なロールの効果を確認する

ユーザーと、そのユーザーがメンバーとなっているグループに対して、ロールが個別に割り当てられている場合、最終的なロールの効果は、すべてのロールの合計になります。たとえば、あるユーザーに「仮想マシン共同作成者」、そのユーザーを含むグループに「ストレージアカウント共同作成者」のロールがそれぞれ割り当てられていたら、ユーザーは、仮想マシンとストレージアカウントの両方の共同作成者となります。

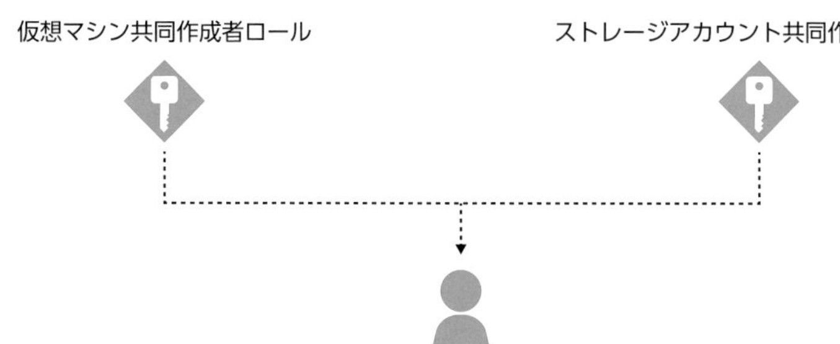

図 2.2-4　最終的なロールの効果

POINT!

現在の RBAC のロールでは、許可のみで拒否の割り当ては使用していない。よって、最終的なロールの効果は、単純にすべてのロールの合計と考えて問題ない。

Azure AD ロールとは

Microsoft Azure では、リソースのアクセス管理と Azure AD のアクセス管理を別々に行っています。前述の RBAC は、リソースのアクセス管理であり、仮想マシンやストレージのアクセス管理には使用できますが、Azure AD ユーザーやグループのアクセス管理には使用できません。Azure AD のアクセス管理には、Azure AD ロールを使用します。

Azure AD ロールにも、あらかじめ用意されている組み込みロールと自分で作成できるカスタムロールがあります。Azure AD の代表的な組み込みロールを表 2.2-3 に示します。

表 2.2-3　Azure AD の代表的な組み込みロール

組み込みロール	説明
グローバル管理者	Azure AD テナントに対して、フルアクセス権を持ち、すべての管理操作ができる
グローバル閲覧者	Azure AD テナントのすべてを表示できるが、変更することはできない
ユーザー管理者	Azure AD テナントのユーザーとグループを管理できる
クラウドデバイス管理者	Azure AD テナントのデバイスを管理できる

Azure AD ロールを割り当てる

Azure AD ユーザーに Azure AD ロールを割り当てる方法は2つあります。Azure ポータルの［Azure Active Directory］メニューの［ユーザー］ブレードからユーザーを選択してロールを追加するか、［ロールと管理者］ブレード（以前は［Azure AD ディレクトリロール］ブレード）からロールを選択して、ユーザーを追加します。

図 2.2-5　Azure AD ロールの割り当て

POINT!

特権である RBAC ロールの所有者と Azure AD ロールのグローバル管理者を区別することが重要である。所有者は仮想マシンの作成・削除など、Azure リソースを管理することはできるが、Azure AD の管理はできない。一方、グローバル管理者は、Azure AD ユーザーの作成・削除などの Azure AD の管理はできるが、Azure リソースの管理はできない。ただし、Azure AD テナントは誰でも作成できるので、自分が作成した Azure AD テナントでは、自動的にグローバル管理者となるため、その Azure AD の管理は可能である（当然、他のユーザーが作成した Azure AD テナントの管理はできない）。

2.3 サブスクリプションとガバナンスの管理

複数のサブスクリプション

サブスクリプションとは、Azure の契約のことです。企業や組織は、1 つのサブスクリプションを作成すれば、Azure を運用することができます。しかし、多くの場合、表 2.3-1 に示す理由により、さらにサブスクリプションを追加して複数のサブスクリプションで運用しています。

表 2.3-1 複数のサブスクリプションで運用する理由

理由	説明
請求書を分離したい	Azure の請求書はサブスクリプション単位で発行されるため、サブスクリプションを分離することで、請求書も分離できる
制限を変更したい	仮想マシンの最大 vCPU 数など、サブスクリプション単位でリソースの使用量の制限がある。この制限は変更可能だが、変更もサブスクリプション単位で行う
セキュリティを分離したい	サブスクリプションを分離することで、アクセス権などのセキュリティを簡単かつ明確に分離できる

複数のサブスクリプションを管理する

ユーザーは、複数のサブスクリプションをまとめて操作できます。Azure ポータルでは、あるユーザーが複数のサブスクリプションのアクセス権（RBAC ロール）を所有する場合、これら複数のサブスクリプションのリソースをまとめて表示、操作することができます。

Azure の管理階層

Azureでは、サブスクリプション内に仮想マシン、ストレージ、ネットワークなどの「リソース」を作成します。リソースは、Azureによって管理される実体です。また、リソースは、「リソースグループ」と呼ばれるグループでまとめられます。つまり、Azureの管理は、サブスクリプション、リソースグループ、リソースの3階層で構成されているわけです。

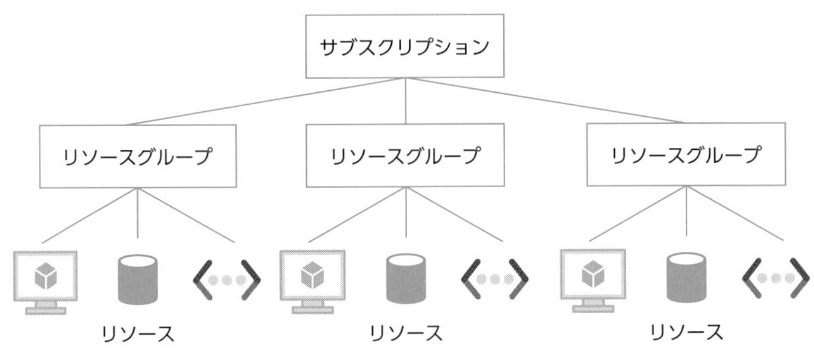

図 2.3-1　Azure の管理階層

リソースを移動する

作成済みのリソースは、いずれかのサブスクリプションとリソースグループに所属していますが、いつでも別のサブスクリプションやリソースグループへ移動できます。リソースの移動は、Azureポータルから可能です。また、ダウンタイムがないので、たとえば、仮想マシンのリソースを移動しても仮想マシンは停止しません。

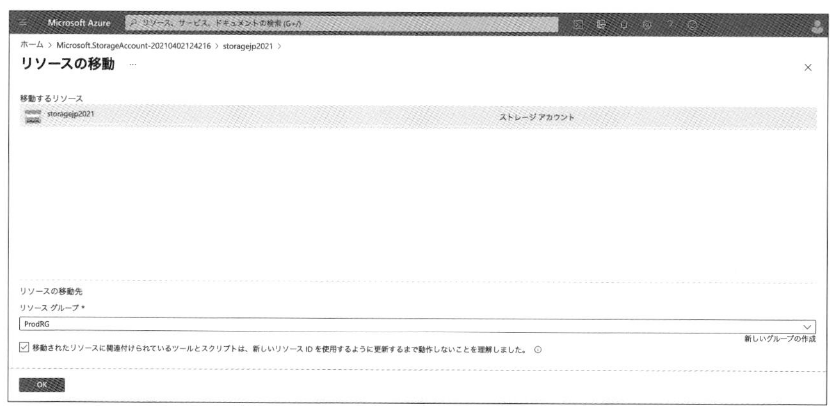

図 2.3-2　リソースの移動

POINT!

厳密には、一部のリソースは移動することができない。ただし、**仮想マシンやストレージアカウントなど、(試験に出るような) 一般的なリソースは移動が可能であると覚えておこう。** 移動できないリソースの種類については、Azure のオンラインドキュメント (https://docs.microsoft.com/ja-jp/azure/azure-resource-manager/management/move-support-resources) で確認できる。

リソースを削除する

Azure は、リソースに対して課金されるため、不要なリソースを削除することでコストを削減できます。また、リソースグループを削除することで、そのリソースグループ内のリソースをまとめて削除することもできます。

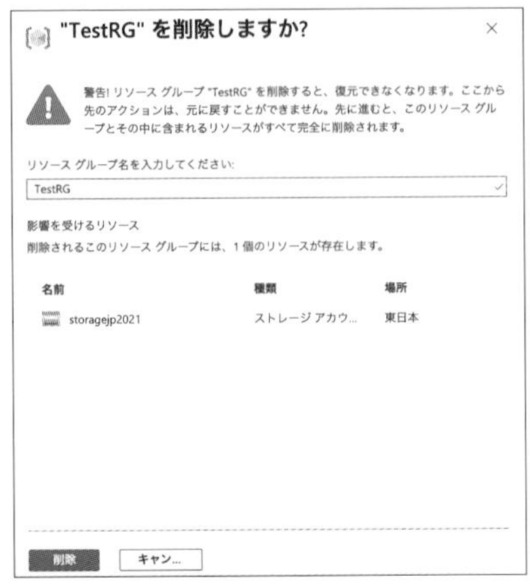

図 2.3-3　リソースグループの削除

タグとは

タグは、リソースに付加できる簡単な情報であり、名前と値のペアで構成されます。1 つのリソースに最大 50 個までタグを追加できます。タグの使い方は自由で、たとえば、「管理者 : 吉田」や「利用部門 : 人事部」、「次回メンテナンス : 12/1」といったようにメモ代わりとして使用することができます。また、タグはリソースを検索したり、フィルタリングしたりする際にも活用可能です。

図 2.3-4　タグの割り当て

なお、タグは、リソースグループに割り当てることも可能です。ただし、**タグをリソースグループに割り当てた場合、あくまでもそのタグはリソースグループのタグであり、そのリソースグループ内のリソースにタグは継承されません。**

リソースをロックする

リソースは簡単に削除できますが、一度削除したら簡単には復旧できません。そのため、重要なリソースを誤って削除しないように、「ロック」が追加できるようになっています。ロックには、「読み取り専用」と「削除」の2種類があり、そのロックが明示的に解除されるまで、管理者であっても、ロックを追加した本人であってもリソースに対する変更や削除などの操作が禁止されます。

表 2.3-2 ロックの種類

ロックの種類	説明
読み取り専用	リソースを読み取り専用とする。リソースを変更したり、削除したりすることはできない
削除	リソースは削除できない

リソースグループをロックする

リソースだけでなく、リソースグループをロックすることもできます。たとえば、リソースグループに読み取り専用ロックを追加すると、そのリソースグループで新しいリソースを作成したり、リソースを追加することはできなくなります。また、リソースグループ内のリソースにもロックが継承されるため、リソースに対する変更もできません。

ロックされたリソースを移動する

移動元または移動先のリソースグループに読み取り専用ロックが追加されている場合、それらのリソースグループ間でリソースを移動することはできません。なお、**削除ロックが追加されたリソースグループではリソースを問題なく移動できます。**

リソースグループではなく、**リソースをロックした場合、移動に影響はありません。**読み取り専用ロックまたは削除ロックが追加されたリソースは、問題なく移動することができます。

コストのアラートを設定する

Azure ポータルの［コストのアラート］ブレードでは、Microsoft Azure の当月の利用金額が**あらかじめ指定した予算を超えた場合に、管理者へメールを送信したり、スクリプトによる自動処理を行ったりすることができます。**コストのアラートを設定することで、Microsoft Azure の使いすぎを防ぐことができます。

図 2.3-5　コストのアラート

タグを使ってコスト分析レポートを作成する

Azure ポータルの［コスト分析］ブレードでは、Microsoft Azure のコスト分析レポートを生成し、ダウンロードすることができます。コスト分析レポートでは、期間やサブスクリプションの指定だけではなく、タグを使ったフィルタリングにより必要な情報を抽出して分析レポートを生成することも可能です。たとえば、部門ごとのコスト分析レポートを生成する手順は以下のとおりです。

1. **各リソースに利用部門のタグを割り当てる**
2. **タグを使ってフィルタリングしたコスト分析レポートを作成する**
3. **コスト分析レポートをダウンロードする**

不要なリソースを識別する

Microsoft Azureは、リソースに対して課金されるため、使用されていないリソースが残っていたり、リソースのサイズが適切でなかったりすると、無駄な出費になります。Microsoft Azureの無償サービスである**Azure Advisorを利用すれば、十分に活用されていない仮想マシンや、仮想マシンに接続されていないディスク（未使用のディスク）を素早く特定し、削除することができます。**

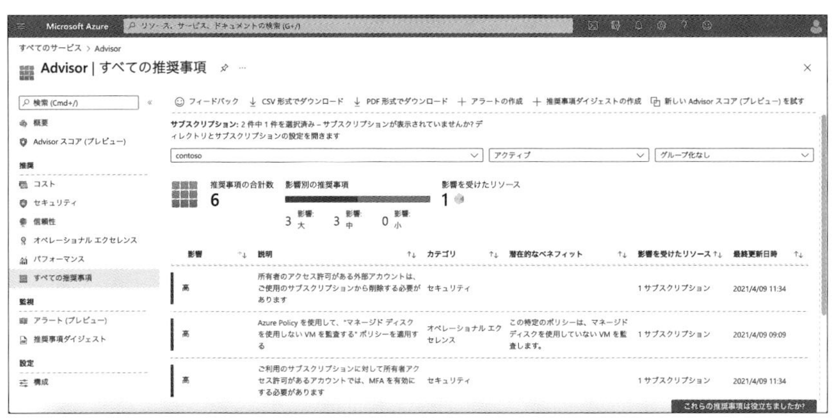

図 2.3-6　Azure Advisorによるすべての推奨事項

Azureポリシーとは

前述のRBACは、Azure ADユーザーに対して、リソースの作成などのアクセスを制限するものでした。これに対して「Azureポリシー」は、リソースを作成する際のプロパティなどを制限するものです。Azureポリシーを使用すれば、たとえば、仮想マシンを作成する際のリージョンを東日本リージョンのみに制限することができます。

ポリシー定義

```
{
   "policyRule":
       "if":{
           "not":{
               "field":"location",
               "in":["japaneast","japanwest"]
           }
       },
       "then":{
           "effect":"deny"
       }
   }
}
```

ポリシーによる制限メッセージ

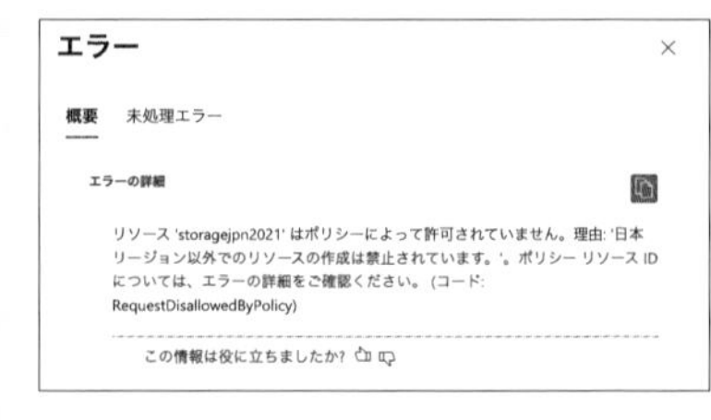

図 2.3-7　Azure ポリシーによるリージョンの制限

Azure ポリシーを使用する

Azure ポリシーを使用するには、まず、プロパティを制限する「ポリシー定義」を作成します。ポリシー定義の種類には、あらかじめ用意されている組み込みポリシー定義と、JSON 形式のテキストドキュメントで記述するカスタムポリシー定義があります。代表的な組み込みポリシー定義を表 2.3-3 に示します。

表 2.3-3　主な組み込みポリシー定義

組み込みポリシー定義名	説明
許可されている場所	リソースを作成できるリージョンを指定する
許可されていないリソースの種類	作成できないリソースの種類を指定する
使用できるリソースの種類	作成できるリソースの種類を指定する
リソースにタグを追加する	リソースに自動的に追加されるタグを指定する

ポリシー定義は、サブスクリプションまたはリソースグループに割り当てることで有効化します。なお、**サブスクリプションにポリシー定義を割り当てた場合は、そのサブスクリプション中の一部のリソースグループを例外として除外することも可能です。**ポリシー定義の割り当ては、管理者を含むすべてのユーザーに影響を与えるため、慎重に行う必要があります。

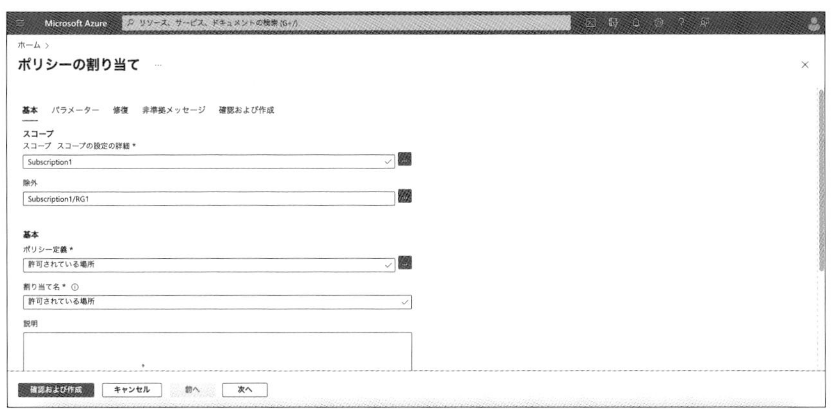

図 2.3-8　ポリシー定義の割り当て

既存のリソースはAzureポリシーの影響を受けない

Azureポリシーでは、ポリシー定義を割り当てる前からあるリソースは影響を受けません。たとえば、サブスクリプションに対して、仮想マシンの使用を禁止するポリシー定義を割り当てた場合、そのサブスクリプションで新しい仮想マシンは作成できませんが、既存の仮想マシンは影響を受けず、自由に操作することが可能です。

管理グループとは

Azureポリシーをサブスクリプションに対して割り当てれば、そのAzureポリシーは、サブスクリプション全体で有効です。ただし、複数のサブスクリプションを所有している組織の場合は、サブスクリプションごとに割り当てをしなければならず、少し面倒です。この場合、「管理グループ」を使用することで、複数のサブスクリプション全体でAzureポリシーをまとめて有効化できます。

管理グループとは、「サブスクリプションをまとめるグループ」のことです。管理グループは入れ子にすることもできるので、階層構造でサブスクリプションを整理することができます。管理グループにAzureポリシーや前述のRBACを割り当てれば、その管理グループ配下のすべてのサブスクリプションに一括適用することが可能です。

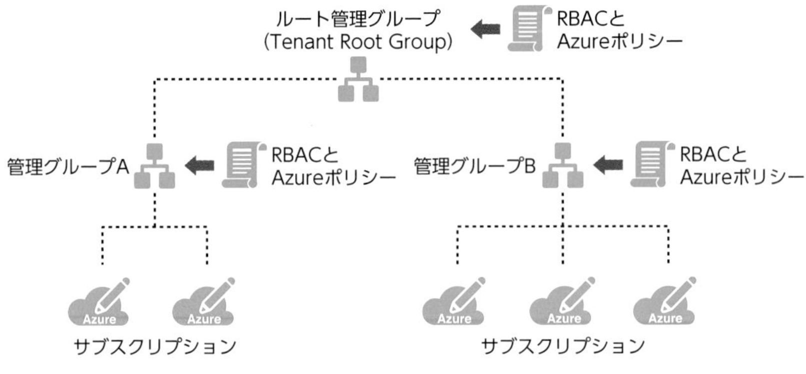

図 2.3-9　管理グループ

POINT!

1 つのサブスクリプションは、1 つの管理グループの配下に追加できる。複数の管理グループの配下に追加することはできない。

管理グループを使用する

管理グループを初めて使用すると、自動的にルート管理グループの「Tenant Root Group」が作成され、その配下にすべてのサブスクリプションが配置されます。Tenant Root Group へのアクセス権は、既定では誰にも割り当てられていません。**Azure AD のグローバル管理者のユーザーだけが、自分自身を昇格させて、ルート管理グループのアクセス権を取得できます。**アクセス権を取得したユーザーは、管理グループを階層化したり、管理グループに RBAC や Azure ポリシーを割り当てたりできます。

章末問題

Q1 あなたは、Azure AD Premiumにサインアップした上で、Azure ADドメインに参加するすべてのコンピューターのローカル管理者グループにadmin1@contoso.comというユーザーを自動的に追加する予定です。何を構成すべきですか？

A. [デバイス] ブレードの [デバイスの設定]
B. [MFAサーバー] ブレードの [プロバイダ]
C. [ユーザー] ブレードの [ユーザー設定]
D. [グループ] ブレードの [一般設定]

解説

Azure AD Premium には、Azure AD ドメインに参加するデバイスについて、ローカル管理者グループのメンバーシップを更新するオプションが用意されています。このオプションを使用するには、Azure AD の [デバイス] ブレードの [デバイスの設定] から [Azure AD 参加済みデバイスの追加のローカル管理者] を構成します。よって、A が正解です。

[答] A

Q2 あなたは、サブスクリプションSubscription1のアクセス権を設定する予定です。現在、Subscription1では、ユーザーUser1に対して次のロールが割り当てられています。

・閲覧者
・セキュリティ管理者
・セキュリティ閲覧者

Subscription1には、リソースグループRG1と仮想ネットワークVNet1があります。VNet1の [閲覧者] のロールを、User1が他のユーザーに対して割り当てることを可能にするには、何をすべきですか？

A. Subscription1 から User1 の［セキュリティ閲覧者］のロールを削除する
B. Subscription1 から User1 の［セキュリティ管理者］のロールを削除する
C. User1 に VNet1 の［所有者］のロールを追加する
D. User1 に RG1 の［共同作成者］のロールを追加する

解説

Azure の各種ロールを別のユーザーに割り当てることができるのは、所有者またはユーザーアクセス管理者のロールのユーザーだけです。よって、C が正解です。なお、セキュリティ閲覧者およびセキュリティ管理者は、Security Center を管理するためのロールです。

［答］C

Q3 あなたは、オンプレミスの Active Directory Domain Services（AD DS）のユーザー情報を Azure Active Directory（Azure AD）と同期させるために、Azure AD Connect を導入する予定です。同期の前に、AD DS のユーザー情報で無効な文字が使われていないことを確認する必要があります。適切な方法を 1 つ選択してください。

A. AD DS ドメインと信頼関係を使用し、UPN サフィックスを追加する
B. AD DS ユーザーとコンピューターを使用し、ユーザー名を変更する
C. Office 365 IdFix を使用する
D. Azure AD Connect の同期規則をカスタマイズする

解説

Azure AD Connect を使用して、オンプレミスの AD DS と Azure AD を同期させるには、オンプレミスの AD DS のユーザー情報で無効な文字が使用されていないかを事前に確認することが重要です。この作業を手動で行うのは大変なので、マイクロソフト社より専用のツールとして Office 365 IdFix が提供されています。Office

365 IdFix は GUI ベースの Windows アプリであり、簡単な操作で、AD DS 内のユーザーやグループの無効な文字や重複などを確認することができます。よって、C が正解です。

［答］C

Q4 あなたの会社では、2 つの Azure AD テナント contoso.com と adatum.com を所有しています。あなたは、両方の Azure AD テナントにサインインできる Microsoft アカウントを所有していますが、Azure ポータルの既定の Azure AD テナントを設定したいと考えています。どうすればよいですか？

A. Azure Cloud Shell から、Set-AzContext を実行する
B. Azure Cloud Shell から、Set-AzSubscription を実行する
C. Azure ポータルから、［ポータルの設定］を構成する
D. Azure ポータルから、［ディレクトリ + サブスクリプション］を構成する

解説

Azure ポータルで Azure AD テナントを切り替えるには、［ディレクトリ + サブスクリプション］を使用します。この［ディレクトリ + サブスクリプション］では、既定の Azure AD テナントを指定することも可能です。なお、A の Set-AzContext でも Azure AD テナントの切り替えは可能ですが、既定の Azure AD テナントの指定はできません。よって、D が正解です。

［答］D

Q5 あなたは、Azure AD の動的グループを作成する予定です。所属が営業部（sales）のユーザーを含む動的グループを作成するための適切なクエリー構文を 1 つ選択してください。

A. (user.department -notIn["sales"])
B. (user.department -startWith "m")

（選択肢は次ページに続きます。）

C. (user.department -eq "sales")

D. (user.city -eq "sales")

解説

Azure AD Premium では、Azure AD の動的グループをサポートしています。動的グループは、ユーザーの属性をもとにグループメンバーを動的に決定します。グループメンバーはその都度評価されるため、ユーザーの属性を変更すると、グループメンバーとして追加されたり、削除されたりします。

選択肢 A～D のうち、所属（user.department）が営業部（sales）であることを示すクエリー例は（user.department -eq "sales"）です。よって、C が正解です。なお、A は営業部以外、B は m で始まる部門、D は連絡先が営業部となり、いずれも適切ではありません。

［答］C

Q6 あなたの会社では、ユーザーのデバイスが Azure AD に参加できます。ある日、ユーザーUser1 から、「ホームネットワークの個人用デバイスが Azure AD に参加できない」との報告がありました。User1 は以前、何台ものデバイスが Azure AD に参加できたことを報告しています。User1 のデバイスが参加できるようにするために、あなたは何をすべきですか？

A. User1 に［ユーザー管理者］のロールを追加する

B. デバイスの参加に多要素認証を必要とする

C. User1 のホームネットワークをポイント対サイト接続で Azure へ接続する

D. ユーザーごとのデバイスの最大数を変更する

解説

ユーザーが Azure AD に参加させることができるデバイス数は、既定で 50 までに制限されています。もし、それを上回る数のデバイスの参加を許可するのであれば、参加済みのデバイスを削除するか、Azure ポータルから［Azure Active Directory］の［デバイス］に移動し、［ユーザーごとのデバイスの最大数］を変更します。よって、D が正解です。

［答］D

Q7 あなたは、Azure ポリシーを調査しています。次の図は、Azure ポリシーの割り当ての構成です。適切な Azure ポリシーの効果を 1 つ選択してください。

A. 東日本リージョンと西日本リージョンのリソースのみを作成できる

B. イニシアティブの割り当て後、ポリシーが適用される

C. 一部のリソースグループには適用されない

D. admin@contoso.com には適用されない

解説

Azure ポリシーは、管理グループ、サブスクリプション、リソースグループに割り当てることができます。管理グループに割り当てた場合は、一部のサブスクリプションとリソースグループを除外するよう指定できます。また、サブスクリプショ

ンに割り当てた場合は、一部のリソースグループを除外するよう指定できます。設問の図では、Azure ポリシーがサブスクリプション Subscription1 に割り当てられ、リソースグループ RG1 が除外されています。よって、C が正解です。

[答] C

Q8 あなたは、既存のサブスクリプションから新しいサブスクリプションへリソースを移動する予定です。移動できないリソースを 1 つ選択してください。

A. 仮想ネットワーク
B. 仮想マシン
C. ストレージアカウント
D. Recovery Services コンテナー
E. すべて移動できる

解説

Azure で作成したリソースの多くは、リソースグループ間やサブスクリプション間で移動できます。一部のリソースは移動できませんが、仮想ネットワーク、仮想マシン、ストレージアカウント、Recovery Services コンテナーなど、一般的なリソースはすべて移動可能です。よって、E が正解です。

[答] E

2

Q9 あなたは、以下の管理グループと Azure ポリシーをデプロイしました。各ステートメントについて、[はい] または [いいえ] を選択してください。

管理グループのデプロイ

管理グループの名前	親の管理グループ	サブスクリプション
Tenant Root Group	なし	
ManagementGroup1	Tenant Root Group	
ManagementGroup2	Tenant Root Group	Subscription2
ManagementGroup3	ManagementGroup1	Subscription1

Azure ポリシーのデプロイ

Azure ポリシーの名前	パラメーター	スコープ
許可されていない リソースの種類	仮想ネットワーク	Tenant Root Group
使用できる リソースの種類	仮想ネットワーク	ManagementGroup2

	はい	いいえ
Subscription1 で仮想ネットワークを作成できる		
Subscription2 で仮想マシンを作成できる		
Subscription1 を ManagementGroup1 に追加できる		

解説

複数のサブスクリプションを階層化する管理グループでは、各階層に Azure ポリシーを割り当てて、操作を制限することができます。上位の階層と下位の階層に相反する Azure ポリシーを割り当てた場合、上位の階層に割り当てた Azure ポリシーが有効となります。そのため、上位の階層の「許可されていないリソースの種類」と下位の階層の「使用できるリソースの種類」では「許可されていないリソースの種類」が有効となり、仮想ネットワークは作成できません。また、Subscription2 では、Azure ポリシーの「使用できるリソースの種類」により、仮想マシンなどの仮想ネットワーク以外のリソースは作成できません。この他、1 つのサブスクリプションを複数の管理グループに追加することはできません。以上より、正解は次ページに示す [答] の表のとおりです。

[答]

	はい	いいえ
Subscription1 で仮想ネットワークを作成できる		○
Subscription2 で仮想マシンを作成できる		○
Subscription1 を ManagementGroup1 に追加できる		○

Q10 あなたは、ユーザーUser1 に、Azure Logic Apps のロジックアプリの作成を含む管理を委任する予定です。ただし、最小特権の原則を厳守する必要があります。User1 に割り当てるべきロールを 1 つ選択してください。

A. ロジックアプリのオペレーター

B. ロジックアプリの共同作成者

C. DevTestLabs ユーザー

D. 所有者

解説

Azure Logic Apps のロジックアプリの作成を含む管理を委任するためのロールは、「ロジックアプリの共同作成者」です。「ロジックアプリのオペレーター」では、ロジックアプリの読み取りと有効化／無効化のみが可能であり、ロジックアプリを作成することはできません。よって、B が正解です。なお、C の「DevTestLabs ユーザー」は、別のサービスである Azure DevTest Labs のロールです。また、D の「所有者」は、Azure Logic Apps を含むすべてのリソースを管理できますが、最小特権の原則に違反します。

[答] B

第3章

ストレージの作成と管理

クラウドストレージを提供する Azure Storage は、Microsoft Azure のコアサービス（中心的なサービス）の 1 つとして、仮想マシンをはじめさまざまなサービスで利用されています。

3.1 ストレージアカウントの管理

ストレージアカウントとは

Microsoft Azureのクラウドストレージサービスが「Azure Storage」です。そして、このAzure Storageを利用するために準備するリソースが「ストレージアカウント」です。ストレージアカウントは複数作成でき、1つのストレージアカウントで最大5PBのデータを保存することができます。

ストレージアカウントには4種類のサービスがあり、それぞれ読み書きできるデータが異なります。これらのデータには、アプリからAPI経由で操作します。

Blob（Binary Large Object）サービス

どのようなデータでも保存でき、HTTPプロトコルでアクセスできます。アクセス権も設定可能ですが、匿名アクセスもサポートされており、簡単なWebサーバーとしても利用できます。また、格納するデータは、「コンテナー」と呼ばれるフォルダで階層化できます。

ファイルサービス

クラウドにWindowsの共有フォルダを作成し、SMB（Server Message Block）プロトコルを用いて、その共有フォルダへアクセスできます。APIによるアクセスだけではなく、Windows 10やmacOS、Linuxからも直接アクセス可能です。

テーブルサービス

データを保存するテーブルを提供します。このテーブルは、SQL ServerやOracleといったRDB（Relational Database）の高度なテーブルではなく、キーと値で構成された、NoSQL（Not Only SQL）と呼ばれる非リレーショナルデータベースのシンプルなテーブルです。

キューサービス

アプリ間でデータを交換するための一時的な保管場所であるメッセージキューを提供します。

POINT!

ストレージアカウントの各種サービスのうち、Blob サービスとファイルサービスをしっかり押さえる。

ストレージアカウントを作成する

Azure ポータルから［ストレージアカウント］メニューを選択し、コマンドバーの［追加］をクリックして、ストレージアカウントを作成することができます。

図 3.1-1 ストレージアカウントの作成

ストレージアカウントの作成時に設定する主なパラメーターは、以下のとおりです。

ストレージアカウント名

ストレージアカウントの名前です。この名前がストレージアカウントへアクセスするための URL になるので、ワールドワイドで一意な名前を付ける必要があります。

パフォーマンス

データを保存するストレージの種類として、Standard（HDD）または Premium（SSD）を選択できます。Standard はコストが安く、Premium はパフォーマンスが高いという特徴があります。

アカウントの種類

アカウントの種類により、ストレージアカウントで利用可能なサービスの種類（Blob、ファイル、テーブル、キュー）が決定されます。アカウントの種類は、表 3.1-1 に示す 4 種類が選択可能です。

表 3.1-1 アカウントの種類

アカウントの種類	特徴
汎用 v1 Storage（GPv1）	Blob、ファイル、テーブル、キューを利用可能
汎用 v2 Storage（GPv2）	Blob、ファイル、テーブル、キュー、Data Lake Gen2 を利用可能
Blob Storage	Blob のみを利用可能
File Storage	ファイルのみを利用可能

汎用 Storage アカウントでは、1 つのストレージアカウントに Blob、ファイル、テーブル、キューの 4 種類のすべてのデータを保存できます。さらに汎用 Storage アカウントには、汎用 v1 Storage と汎用 v2 Storage という 2 つのバージョンがあり、汎用 v2 Storage アカウントでは、ビッグデータを格納するための特別な Blob である Data Lake Gen2 も利用可能です。この他、**Blob Storage アカウントでは Blob のみを保存でき、File Storage アカウントではファイルのみを保存できます。また、File Storage アカウントのパフォーマンスについては Premium のみを選択できます。**

レプリケーション

ストレージアカウントに保存されたデータを保護するための複製（レプリケーション）の方法です。詳細は、P. 70「ストレージアカウントを複製する」を参照してください。

ストレージアカウントにアクセスする

ストレージアカウントを作成すると、ストレージアカウント名を含んだ「エンドポイント」が生成されます。エンドポイントは、ストレージアカウントへアクセスするためのURLで、サービスごとに用意されます。

表 3.1-2　エンドポイント

サービス	エンドポイント
Blob	＜ストレージアカウント名＞.**blob**.core.windows.net
ファイル	＜ストレージアカウント名＞.**file**.core.windows.net
テーブル	＜ストレージアカウント名＞.**table**.core.windows.net
キュー	＜ストレージアカウント名＞.**queue**.core.windows.net

ストレージアカウントへアクセスするアプリのAPIでは、これらのエンドポイントを使用します。なお、アクセスには、アクセス権も必要となります。アクセス権については、以下の方法が用意されています。

匿名アクセス

Blobのみで利用でき、読み取り専用の匿名アクセスを許可できます。匿名アクセスを許可することで、インターネットからWebブラウザを使用して、誰でもアクセスできます。たとえば、Blobを簡単なWebサーバーとして使用することができます。

アクセスキー

ストレージアカウントを作成すると自動的に生成される文字列です。アプリのAPIでアクセスキーをセットすれば、ストレージアカウント全体にフルコントロールでアクセスできます。簡単に利用できる反面、セキュリティリスクがあります。

図 3.1-2　アクセスキー

共有アクセス署名（SAS : Shared Access Signature）

ストレージアカウントに制限付きでアクセスするための文字列です。共有アクセス署名では、使用できるデータの種類（Blob、ファイル、キュー、テーブル）、リソースの種類（サービス、コンテナー、オブジェクト）、操作（読み取り、書き込み、削除、更新など）、**有効期限、アクセス可能なIPアドレス**を細かく指定した上で文字列を生成できるので、アクセスキーより安全です。

図 3.1-3　共有アクセス署名

IAM（Identity and Access Management）

アプリにRBACロールを割り当てて、ストレージアカウントにアクセスします。RBACロールの割り当てには、マネージドIDが必要です。マネージドIDについては、次項の「マネージドIDでストレージアカウントにアクセスする」を参照してください。**IAMでは、アクセスキーによる認証が不要となるため、管理するアクセスキーを減らすことができます。**

マネージドIDでストレージアカウントにアクセスする

マネージドIDは、リソースに割り当てるIDです。たとえば、仮想マシンにマネージドIDを割り当て、さらにマネージドIDにアクセス権を割り当てておけば、仮想マシン内のアプリは自動的にこのアクセス権を継承するため、アプリ内でアクセスキーや共有アクセス署名などのアクセス権の設定が不要となります。

マネージドIDを使用する手順を以下に紹介します。

① マネージドIDを作成し、仮想マシンに割り当てる

まず、マネージドIDを作成します。マネージドIDには、「システム割り当てマネージドID」と「ユーザー割り当てマネージドID」の2種類があります。システム割り当てマネージドIDは、仮想マシンごとに作成し、1対1で割り当てます。一方、ユーザー割り当てマネージドIDは、複数の仮想マシンに対して1つ作成し、1対多で割り当てることができます。

図3.1-4　仮想マシンのシステム割り当てマネージドIDの作成と割り当て

❷ マネージドIDにRBACロールを割り当てる

マネージドIDに、ストレージアカウントへのアクセスを許可するRBACロールを割り当てます。この操作は、ユーザーへのRBACロールの割り当てと同じです。

❸ アクセストークンを取得する

アプリがAzureリソースにアクセスするためには、アクセストークンが必要です。マネージドIDが割り当てられた仮想マシン内のアプリは、API経由でこのマネージドIDを使って、アクセストークンを取得し、ストレージアカウントにアクセスすることができます。

ストレージアカウントを複製する

重要なデータをストレージアカウントに保存する場合、Azureデータセンターの万が一の障害に備えて、データの複製を準備しておくとよいでしょう。ストレージアカウントの「レプリケーション」を構成することで、ストレージアカウント単位の自動複製が可能です。主なレプリケーション方法は以下の4種類です。

ローカル冗長ストレージ（LRS : Locally Redundant Storage）

ストレージアカウントにデータを保存すると、同じデータセンター内の3つの物理ディスクへデータをミラーリングします。ローカル冗長ストレージは最も安価な構成であり、これにより物理ディスクの障害に対応できます。

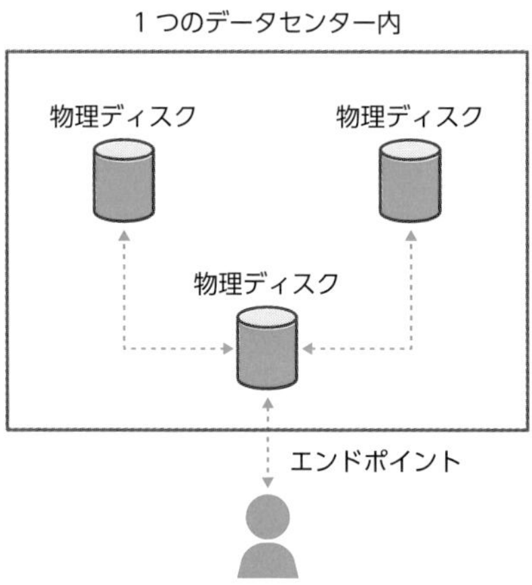

図3.1-5　ローカル冗長ストレージ

ゾーン冗長ストレージ（ZRS : Zone-Redundant Storage）

ストレージアカウントにデータを保存すると、異なるデータセンターの3つの物理ディスクへデータをミラーリングします。**ゾーン冗長ストレージは、データセンターレベル（リージョン内の個別のデータセンター）の障害に対応できます。なお、ゾーン冗長ストレージは、汎用 v2 Storage でのみサポートされます。**

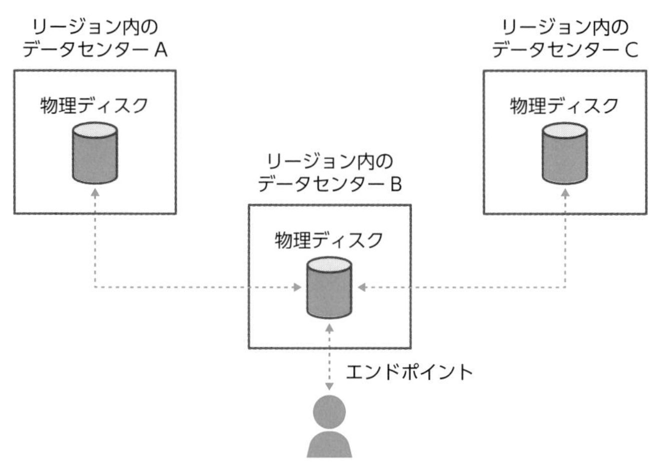

図 3.1-6 ゾーン冗長ストレージ

POINT!

ゾーンとは、リージョン内の複数のデータセンターをいくつかの場所に分けて管理する Azure の新しい機能である。ユーザーは、リソースの作成時、リージョン内のどのデータセンターにリソースを作成するかをゾーンで選択する。ただし、ゾーンを利用できるリージョンは限定されており、アジア地区では、東日本リージョンと東南アジアリージョンのみとなっている。

geo 冗長ストレージ（GRS : Geo-Redundant Storage）

ストレージアカウントにデータを保存すると、リージョン内のデータセンターにある3つの物理ディスクへデータをミラーリングします。さらに、ペアとなっている別のリージョンのデータセンターにある3つの物理ディスクへもデータをミラーリングします。つまり、合計で6重のミラーリングとなります。**geo 冗長ストレー**

ジは、リージョンレベルの障害に対応できるため、最も障害に強い構成といえます。

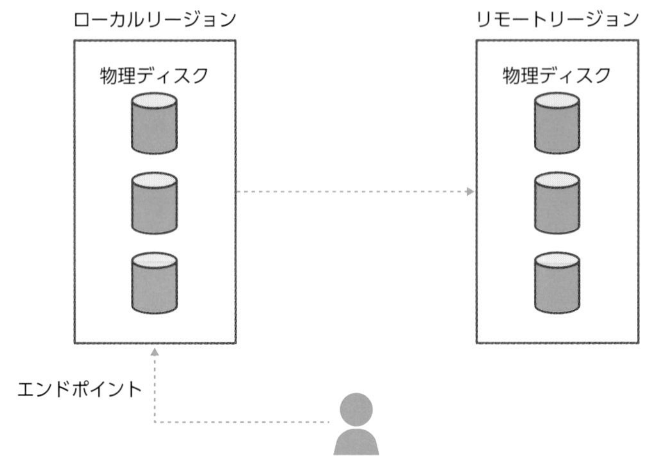

図 3.1-7　geo 冗長ストレージ

リージョンのペアはあらかじめ決まっていて、変更はできません。たとえば、東日本リージョンと西日本リージョンはペアです。ローカルリージョン（ストレージアカウントを作成したリージョン）が東日本の場合、リモートリージョン（ミラーリングされる別のリージョン）は西日本になります。

読み取りアクセス geo 冗長ストレージ（RA-GRS : Read-Access Geo-Redundant Storage）

前述の geo 冗長ストレージと同じ 6 重ミラーリングですが、ローカルリージョンとリモートリージョンにそれぞれ別のエンドポイントが用意されます。ローカルリージョンのエンドポイントは読み書きアクセスに対応し、リモートリージョンのエンドポイントは読み取り専用でアクセス可能です。データの検索などの読み取り処理であれば、リモートリージョンへも直接アクセスできるため、負荷分散などに効果的です。

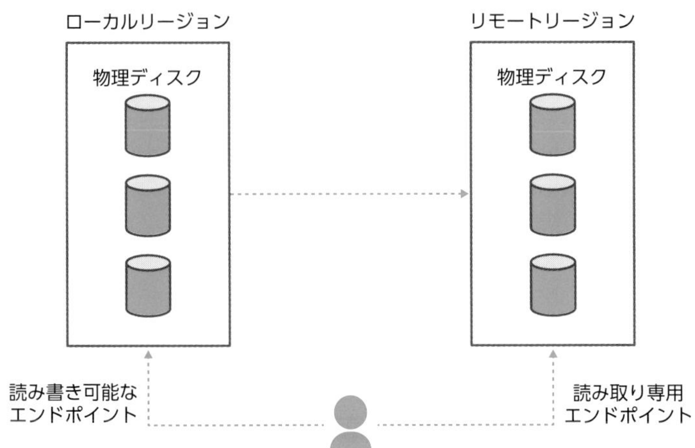

図 3.1-8 読み取りアクセス geo 冗長ストレージ

ストレージアカウントのレプリケーション方法を変更する

ストレージアカウントのレプリケーション方法はいつでも変更することができます。たとえば、Azure ポータルを使用すれば、ローカル冗長ストレージを geo 冗長ストレージへ変更可能であり、その際、ダウンタイムやデータの損失は発生しません。ただし、ゾーン冗長ストレージへの変更だけは Azure ポータルでは行えず、Microsoft Azure のサポート要求で行います。これを「ライブマイグレーションの要求」と呼びます。また、**ゾーン冗長ストレージへの変更（ライブマイグレーションの要求）は、レプリケーション方法がローカル冗長ストレージまたは geo 冗長ストレージからのみ可能です（読み取りアクセス geo 冗長ストレージではサポートしていません）。**

POINT!

ゾーン冗長ストレージは、アカウントの種類が汎用 v2 Storage の場合のみサポートされるため、ライブマイグレーションの要求も、汎用 v1 Storage、File Storage、Blob Storage では行えない。ゾーン冗長ストレージへの変更が可能なストレージアカウントのレプリケーション方法（ローカル冗長ストレージ、geo 冗長ストレージ）とアカウント種類（汎用 v2 Storage）を合わせて押さえておくこと。

3.2 Azure Storage のデータの管理

Azureには、オンプレミスとAzure Storage間でデータを交換する方法が各種用意されているため、用途によって使い分けをします。インターネットを介してオンラインでデータを交換する場合はAzureポータル、AzCopy、Azure Storage Explorerを使用します。インターネットを介さず、オフラインでデータを交換する場合は、Azure Import/Exportサービス、Azure Data Boxを使用します。

Azure ポータルを使用する

Azureポータルの［ストレージアカウント］メニューから、データのアップロードおよびダウンロードが可能です。Webブラウザがあれば利用できるので、最も手軽な方法といえます。

図 3.2-1　Azure ポータルによるデータのアップロード

AzCopy を使用する

コマンドラインからバッチ処理でデータをコピーしたい場合は、AzCopy が便利です。AzCopy は、マイクロソフト社が Windows、macOS、Linux 向けに無償で提供しているコピーコマンドです。AzCopy を使用すれば、ローカルネットワーク内でデータをコピーする感覚で、ローカルネットワークとストレージアカウント間でデータをコピーすることが可能です。なお、**AzCopy は、Blob サービスとファイルサービスをサポートしています（テーブルサービスとキューサービスはサポートされません）。**

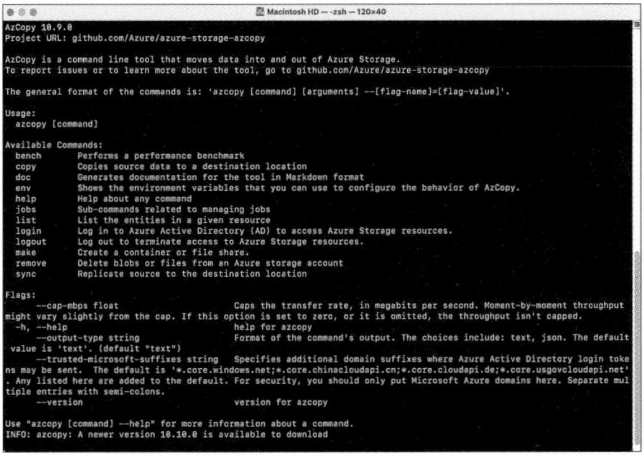

```
Macintosh HD — -zsh — 120×40
AzCopy 10.9.0
Project URL: github.com/Azure/azure-storage-azcopy

AzCopy is a command line tool that moves data into and out of Azure Storage.
To report issues or to learn more about the tool, go to github.com/Azure/azure-storage-azcopy

The general format of the commands is: 'azcopy [command] [arguments] --[flag-name]=[flag-value]'.

Usage:
  azcopy [command]

Available Commands:
  bench       Performs a performance benchmark
  copy        Copies source data to a destination location
  doc         Generates documentation for the tool in Markdown format
  env         Shows the environment variables that you can use to configure the behavior of AzCopy.
  help        Help about any command
  jobs        Sub-commands related to managing jobs
  list        List the entities in a given resource
  login       Log in to Azure Active Directory (AD) to access Azure Storage resources.
  logout      Log out to terminate access to Azure Storage resources.
  make        Create a container or file share.
  remove      Delete blobs or files from an Azure storage account
  sync        Replicate source to the destination location

Flags:
      --cap-mbps float                      Caps the transfer rate, in megabits per second. Moment-by-moment throughput
might vary slightly from the cap. If this option is set to zero, or it is omitted, the throughput isn't capped.
  -h, --help                                help for azcopy
      --output-type string                  Format of the command's output. The choices include: text, json. The default
 value is 'text'. (default "text")
      --trusted-microsoft-suffixes string   Specifies additional domain suffixes where Azure Active Directory login toke
ns may be sent.  The default is '*.core.windows.net;*.core.chinacloudapi.cn;*.core.cloudapi.de;*.core.usgovcloudapi.net'
. Any listed here are added to the default. For security, you should only put Microsoft Azure domains here. Separate mul
tiple entries with semi-colons.
      --version                             version for azcopy

Use "azcopy [command] --help" for more information about a command.
INFO: azcopy: A newer version 10.10.0 is available to download
```

図 3.2-2　AzCopy によるファイルのコピー

AzCopy の基本的なコマンド構文は、以下のとおりです。

```
azcopy <コマンド>　<ソース>　<宛先>
```

表 3.2-1　AzCopy のコマンド

コマンド	説明
copy	**ソースのデータを宛先へコピーする**
sync	**ソースのデータを宛先と同期する**
make	**コンテナーまたはファイル共有を作成する**
list	データの一覧を表示する
remove	データを削除する

コード例を以下に示します。

（例）ローカルファイルを Blob へアップロードする

azcopy **copy** 'C:¥myTextFile.txt' 'https://mystorageaccount.blob.core.windows.net/mycontainer/myTextFile.txt'

（例）Blob データをローカルへダウンロードする

azcopy **copy** 'https://mystorageaccount.blob.core.windows.net/mycontainer/myTextFile.txt' 'C:¥myTextFile.txt'

（例）ローカルファイルを Blob と同期する

azcopy **sync** 'C:¥myDirectory' 'https://mystorageaccount.blob.core.windows.net/mycontainer'

（例）コンテナーを作成する

azcopy **make** 'https://mystorageaccount.blob.core.windows.net/mycontainer'

POINT!

AzCopy でコピーを行う際、--recursive（再帰）フラグを追加することで、サブフォルダおよびサブフォルダ内のファイルをすべてコピーすることができる。

POINT!

AzCopy の copy コマンドと sync コマンドは、どちらもファイルをコピーできるが、違いを理解すること。copy は「コピー」であり、sync は「同期」である。たとえば、コピー先に同じ名前のファイルがある場合、copy コマンドは単純にファイルを上書きするが、sync コマンドは、ファイルのタイムスタンプを確認したうえでファイルを上書きする。また、sync コマンドは、コピー元に存在しないファイルを削除することもできる。

AzCopy がサポートする認証方法

AzCopy コマンドを実行するには、ユーザーの認証も必要です。AzCopy では、ストレージの種類ごとに表 3.2-2 の認証方法をサポートしています。

表 3.2-2 AzCopy がサポートする認証方法

ストレージの種類	認証方法
Blob サービス	SAS および Azure AD
ファイルサービス	SAS のみ

Azure Storage Explorer を使用する

マイクロソフト社は、GUI でストレージアカウントにアクセスできるツールとして、Azure Storage Explorer を無償で公開しています。このツールは、Windows、macOS、Linux 向けにそれぞれ提供されています。Azure Storage Explorer を利用すれば、Windows のファイルエクスプローラーのような使い勝手で簡単にデータをコピーできます。

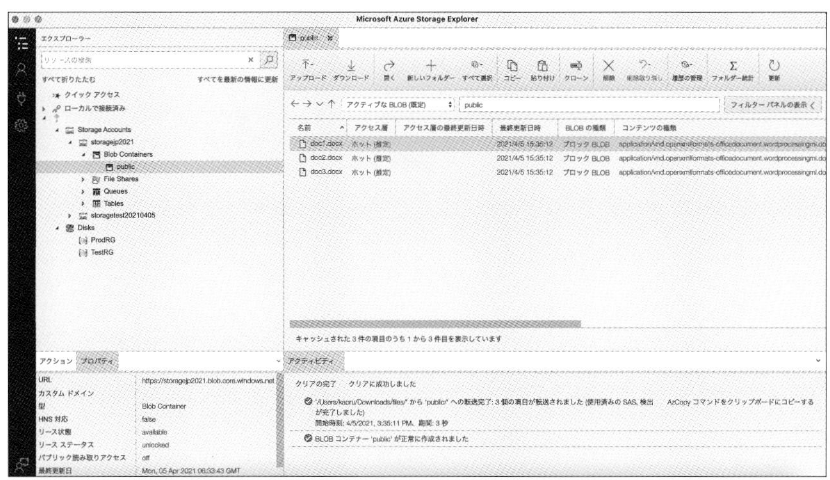

図 3.2-3 Azure Storage Explorer

Azure Import/Export サービスとは

オンプレミスの大量のデータをインターネット経由でストレージアカウントへコピーすると、企業や組織のネットワーク環境に影響を与える場合があります。そのため、Azure には、オフラインでデータ交換を実現する「Azure Import/Export サービス」が用意されています。Azure Import/Export サービスは、物理ディスクにデータをコピーして宅配便で配送することで、データを交換します。データ交換には、オンプレミスから Azure へのインポート、Azure からオンプレミスへのエクスポートの 2 種類があります。なお、Azure Import/Export サービスを使用するにあたって、以下の注意事項があります。

- **ストレージアカウントの種類は、汎用 v2 Storage および Blob Storage をサポートする（汎用 v1 Storage や File Storage はサポートしない）。**
- **サービスの種類は、Blob（インポートとエクスポート）およびファイル（インポートのみ）をサポートする（テーブルとキューはサポートしない）。**

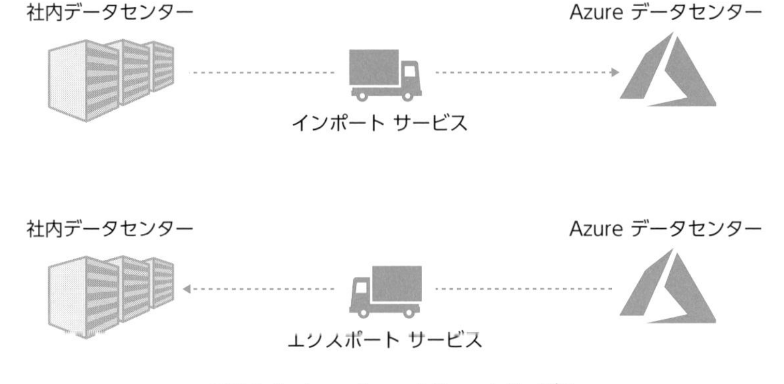

図 3.2-4　Azure Import/Export サービス

Azure Import/Export サービスを使用する

Azure Import/Export サービスを使用し、オンプレミスのデータをストレージアカウントへインポート（アップロード）する場合の手順は、次のとおりです。

❶ データ交換用ディスクを用意する

ユーザーは、あらかじめデータ交換用ディスクを用意します。データ交換用ディスクには、2.5 インチまたは 3.5 インチの SATA ハードディスクもしくは SSD が必要です（USB ディスクはサポートされていません）。大容量データを交換する場合は、複数のディスクを用意します。

❷ データ交換用ディスクにファイルをコピーする

Windows コンピューターにデータ交換用ディスクを接続し、マイクロソフト社より提供されるコマンドラインツールの WAImportExport.exe を実行して、オンプレミスのデータをディスクへコピーします。このとき、**テキストファイルの driveset.csv と dataset.csv も必要です。**driveset.csv には、データ交換用ディスクのフォーマットや暗号化を指示する情報などが含まれています。一方、dataset.csv は、どのファイルをコピーするかを指示する情報を含んだファイルです。WAImportExport.exe によるコピーが完了すると、新しくジャーナルファイルが作成されます。

❸ インポートジョブを作成する

Azure ポータルでインポートジョブを作成します。インポートジョブには、手順②で作成されたジャーナルファイルを追加します。インポートジョブの作成が完了すると、送付先となる Azure データセンターの住所が表示されるのでメモします。

❹ データ交換用ディスクを輸送する

手順③でメモした Azure データセンターの住所へディスクを輸送します。破損のリスクを避けるために、ディスクは適切に梱包します。

❺ インポートジョブを更新する

定期的に Azure ポータルでインポートジョブを更新し、状況を確認します。ジョブが完了すれば、データはストレージアカウントへアップロードされています。

POINT!

Azure Import/Export の利用手順をしっかり押さえる。

Azure Data Box とは

Azure Data Box は、Azure Import/Export サービスと同様にオンプレミスとAzure 間でデータをオフラインで交換するサービスです。Azure Data Box では、データ交換用のディスク（アプライアンス）をレンタルするので、自前でディスクを用意する必要がありません。また、一般的なコピーツールを使用してデータをコピーできるため、その手順は簡単です。なお、**Azure Data Box を介したデータ交換は、ストレージアカウントの Blob とファイル（ファイル共有）をサポートしていますが、テーブルやキューはサポートしていません。**

図 3.2-5　Azure Data Box

3.3 ストレージアカウントの構成

ストレージアカウントへのアクセスを制限する

部外者によるアクセスを防ぐため、ストレージアカウントへのアクセスを制限することが可能です。アクセスを特定のコンピューターやネットワークからのみに限定するには、Azure ポータルから［ストレージアカウント］メニューの［ファイアウォールと仮想ネットワーク］ブレードを構成します。

図 3.3-1　ファイアウォールと仮想ネットワーク

［ファイアウォールと仮想ネットワーク］の［選択されたネットワーク］では、**特定の仮想ネットワーク（仮想マシン）からのアクセスのみに限定する［仮想ネットワーク］と、インターネットやオンプレミスネットワークの特定の IP アドレスからのアクセスのみに限定する［アドレス範囲］が指定可能です。**ただし、このようなアクセス制限を行うと、Azure のさまざまなサービスからのストレージアカウントへのアクセスに支障をきたすおそれがあります。このような場合、**オプションの［信頼された Microsoft サービスによるこのストレージアカウントに対するアクセスを**

許可します] にチェック (✓) を入れると、例外的に Azure サービスからのアクセスが制限されなくなります。 たとえば、Azure Backup サービスが、アクセス制限が施されたストレージアカウントのデータをバックアップする際に、このチェックを入れる必要があります。

Blob データのアクセス層を構成する

ストレージアカウントの Blob データの基本料金は、ストレージコストとアクセスコストを合計した金額になります。 ストレージコストは、Blob データを保存するためのコストで、データサイズに比例します。また、アクセスコストは、アプリから Blob データへアクセスするたびに発生するコストです。

汎用 v2 Storage および Blob Storage では、Blob データの料金を最適化するため、「アクセス層」をサポートします。 アクセス層は、Blob データごとに、ホット、クール、アーカイブの 3 種類から選択できます。

図 3.3-2　Blob データごとのアクセス層の設定

ホット（ホットアクセス層）

ストレージコストは高く、アクセスコストは安くなります。そのため、ホットは頻繁にアクセスする Blob データに適しています。

クール（クールアクセス層）

ストレージコストは安く、アクセスコストは高くなります。そのため、**あまりアクセスされないBlobデータに適しています。**なお、クールを指定したBlobデータが頻繁にアクセスされると、ホットよりも料金が高くなる場合があるので、注意が必要です。

アーカイブ（アーカイブアクセス層）

ストレージコストが最も安くなりますが、アクセスコストは最も高くなります。そのため、ほとんどアクセスされないBlobデータに適しています。主な用途は、長期保管が必要なバックアップデータや分析が完了した監査ログなどです。なお、アーカイブのBlobデータへアクセスするには、そのデータのアクセス層をいったん、ホットまたはクールに変更する必要があります。これを「リハイドレート」と呼びます。リハイドレートには最大15時間程度かかるので、**必要なときにすぐにデータにアクセスしたい場合には、アーカイブは適しません。**

アクセス層はBlobデータごとに指定できますが、Blobデータ一つ一つに指定するのは手間がかかるため、ストレージアカウントに既定のアクセス層を指定することが可能となっています。Blobデータにアクセス層を指定しない場合は、既定のアクセス層がそのまま使用されます。

なお、既定のアクセス層は、ホットまたはクールのみを指定できます。アーカイブは指定できません。

図3.3-3　ストレージアカウントの既定のアクセス層の指定

ライフサイクル管理ポリシーを構成する

ストレージアカウントのオプションであるライフサイクル管理ポリシーを構成すると、Blobデータのアクセス層を時間とともに自動的に変更できます。たとえば、作成直後のBlobデータはホット、30日後にはクール、そして、1年後に削除といったアクセス層の自動変更や自動削除が可能です。なお、**ライフサイクル管理ポリシーは、汎用v2 StorageおよびBlob Storageで使用できます（汎用v1 StorageやFile Storageでは使用できません）。**

Azureファイル共有を作成する

P.64「ストレージアカウントとは」で紹介したストレージアカウントのサービスの1つであるファイルサービスは、Windowsの共有フォルダをクラウド上に簡単に作成できる機能であり、「Azureファイル共有」とも呼ばれています。Azureファイル共有には、仮想マシンからアクセスしたり、オンプレミスのコンピューターからインターネット経由でアクセスしたりすることができます。また、**Azure Container InstancesのDockerコンテナーイメージが永続ストレージを必要とする場合も、Azureファイル共有を使用します**（Azure Container Instancesについては、第4章で紹介します）。

Azureファイル共有を作成するには、Azureポータルから［ストレージアカウント］→［ファイル共有］の順に選択し、コマンドバーの［ファイル共有］をクリックするだけです。

図3.3-4　Azureファイル共有の作成

Azure ファイル共有にアクセスする

一般的に Windows の共有フォルダへのアクセスには、「SMB（Server Message Block）」と呼ばれるプロトコルが用いられます。同様に、Azure ファイル共有へのアクセスでも SMB を使用します。今日では、Windows、Linux、macOS のどのコンピューターでも SMB をサポートしているので、OS を問わず Azure ファイル共有にアクセス可能です。なお、SMB では、アクセス先の指定に UNC パスを使用します。この UNC パスは、「¥¥< サーバー名 >¥< 共有フォルダ名 >」で記述します。Azure ファイル共有では、< サーバー名 > はストレージアカウントのエンドポイントとなるので、以下のように記述します。

```
¥¥<ストレージアカウント名>.file.core.windows.net¥<Azureファイル共有名>
```

Azure ポータルでは、OS ごとに Azure ファイル共有へのアクセスコマンド例も掲載されているので、実際には、その内容をコピーして、貼り付けて実行するだけで簡単に接続できます。

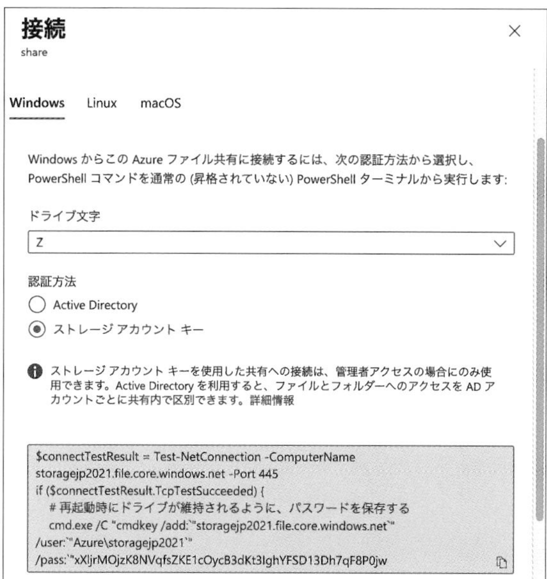

図 3.3-5　Windows の接続コマンド例

なお、オンプレミスのコンピューターから Azure ファイル共有へアクセスするには、ルーターやファイアウォールで送信方向の TCP/445 ポートが開放されている必要があります。ちなみに TCP/445 ポートは、SMB のポートです。

Azure ファイル同期サービスを構成する

Azure ファイル共有とオンプレミスの Windows ファイルサーバーをインターネット経由で同期させることもできます。これを実現するサービスが「Azure ファイル同期サービス」です。

Azure ファイル同期サービスのデプロイ手順を以下に紹介します。なお、この手順は、Windows ファイルサーバーと Azure ファイル共有がそれぞれ作成済みであることを前提としています。

❶ Azure ファイル同期サービスを作成する

Azure ポータルから、リソースとして Azure ファイル同期サービスを作成します。この作成は、同期サービスの名前とリージョンを指定するだけです。

図 3.3-6　Azure ファイル同期サービスの作成

❷ Windows ファイルサーバーにエージェントをインストールする

オンプレミスの Windows ファイルサーバーに Azure ファイル同期エージェントをインストールします。**Azure ファイル同期エージェントは、Windows Server 2012 R2 以降の Windows でサポートされています。**インストールプログラムは、マイクロソフトダウンロードセンターより入手可能です。

図 3.3-7　Azure ファイル同期エージェントのインストール

❸ Windows ファイルサーバーと Azure ファイル同期サービスを登録する

エージェントをインストールした Windows ファイルサーバーを Azure ファイル同期サービスに登録し、関連付けを行います。登録が完了した Windows ファイルサーバーは「登録済みファイルサーバー」と呼ばれます。

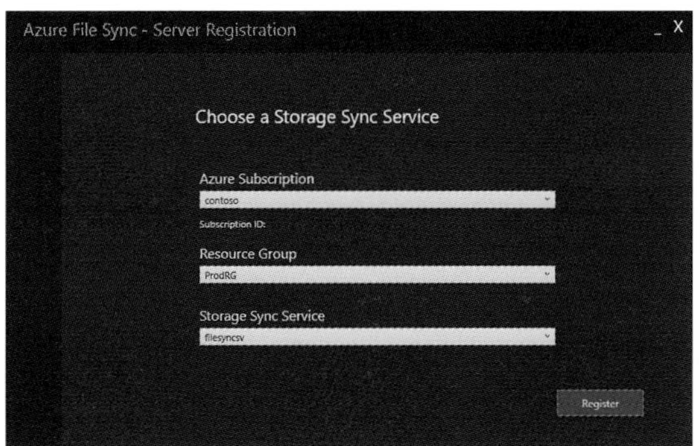

図 3.3-8　Windows ファイルサーバーの関連付け

❹ 同期グループを作成する

最後に、Azure ポータルの［Azure ファイル同期サービス］で「同期グループ」を作成します。同期グループでは、Azure ファイル共有と Windows ファイルサーバー（登録サーバー）のフォルダを指定し、同期を開始します。Azure ファイル共有は「クラウドエンドポイント」、Windows ファイルサーバーの任意のフォルダは「サーバーエンドポイント」として追加します。なお、同期グループに追加できるエンドポイントには以下の注意事項があります。

- **1 つの同期グループのクラウドエンドポイントは 1 つの Azure ファイル共有の**

みを追加でき、サーバーエンドポイントは複数のWindowsファイルサーバーのフォルダを追加できる。

- **1つの同期グループのサーバーエンドポイントに同じWindowsファイルサーバーの複数のフォルダは追加できない。**

図3.3-9　同期グループの作成

POINT!

Azureファイル同期サービスのデプロイ手順と操作場所をしっかり押さえる。Azureファイル同期サービスおよび同期グループの作成は、Azureポータルで行い、エージェントのインストールと登録は、Windowsファイルサーバーで行う。

クラウド階層化を利用する

Azureファイル同期サービスでは、サーバーエンドポイントでクラウド階層化をサポートしています。クラウド階層化とは、クラウドのAzureファイル共有にファイルを保存し、オンプレミスのWindowsファイルサーバーには、ファイルを保存せず、そのショートカットのみを作成するオプション機能です。

クラウド階層化が有効なWindowsファイルサーバーのファイルにユーザーがアクセスすると、そのタイミングで、Azureファイル共有からファイルをダウンロードしてユーザーへ渡し、一時的にキャッシュも行います。つまり、クラウド階層化では、Windowsファイルサーバーは、Azureファイル共有のキャッシュとして機能し、ファイルサーバー側に大容量のストレージを必要としません。

Azure ファイル同期サービスでファイルを同期する

Azure ファイル同期サービスによるファイル同期は、双方向で行われます。つまり、オンプレミスの Windows ファイルサーバーのファイルを更新すれば、Azure ファイル共有が更新され、クラウドの Azure ファイル共有のファイルを更新すれば、Windows ファイルサーバーが更新されます。ただし、同期のタイミングに違いがあります。**Windows ファイルサーバーの更新は、すぐに Azure ファイル共有へ反映されますが、Azure ファイル共有の更新が Windows ファイルサーバーに反映されるまでには、最大で 24 時間かかります。**これは、現在の Azure ファイル共有が、ファイルの更新をすぐには検出できない仕様になっているからです。

POINT!

Azure ファイル共有とオンプレミスの Windows ファイルサーバーのどちらのファイルを更新した場合でも、24 時間以内に、すべて同期される。

Azure ファイル同期サービスによるファイル競合

Azure ファイル同期サービスによる同期にはタイムラグがあるので、たとえば、Windows ファイルサーバーと Azure ファイル共有で同じファイルを同時に更新すると、いわゆる「競合」が発生します。このとき、**Azure ファイル同期サービスは、両方の更新済みファイルを別々の名前で保存することで競合を解決し、決してファイルの上書きは行いません。**これを「単純な競合解決戦略」と呼びます。

図 3.3-10　単純な競合解決戦略により作成された「file1-filesv02.txt」ファイル

章末問題

3

Q1 あなたは、AzCopy コマンドを使用し、オンプレミスファイルサーバーの D:¥Folder1 のすべてのサブフォルダやファイルを Azure Storage のストレージアカウント contosodata の Blob コンテナー public へコピーすることを計画しています。適切なコマンドを 1 つ選択してください。

A. azcopy sync D:¥Folder1 https://contosodata.blob.core.windows.net/public --snapshot
B. azcopy copy D:¥Folder1 https://contosodata.blob.core.windows.net/public --recursive
C. azcopy sync D:¥Folder1 contosodata/public --recursive
D. azcopy copy D:¥Folder1 contosodata/public --snapshot

解説

AzCopy を使用し、オンプレミスのデータを Azure Storage へコピーするには、copy コマンドまたは sync コマンドを使用します。オプションには、ローカルのファイルパス、https で始まる Azure Storage の URL（エンドポイント）、サブフォルダおよびサブフォルダ内のファイルをまとめてコピーする --recursive が必要です。よって、B が正解です。

［答］B

Q2 あなたは、Azure Import/Export を使用して、ストレージアカウントのデータをエクスポートする予定です。以下のストレージアカウントのうち、エクスポート可能なものを選択してください。

名前	アカウントの種類	データ
storage1	汎用 v1 Storage（GPv1）	ファイル
storage2	汎用 v2 Storage（GPv2）	ファイル、テーブル
storage3	汎用 v2 Storage（GPv2）	キュー
storage4	Blob Storage	Blob

（選択肢は次ページに続きます。）

A. storage1
B. storage2
C. storage3
D. storage4

解説

Azure Import/Export サービスによるオフラインデータ交換でサポートされるのは、Azure Storage のアカウントの種類が汎用 v2 Storage（GPv2）または Blob Storage で、サービスの種類は Blob またはファイルのみとなっています。汎用 v1 Storage（GPv1）およびテーブルやキューはサポートされません。また、ファイルはインポートのみをサポートします（エクスポートをサポートしません）。よって、D が正解です。

［答］D

Q3　あなたは、以下の Azure ファイル共有を作成しました。

名前	ストレージアカウント名	リージョン
share1	storage1	東日本
share2	storage1	東日本

また、以下のオンプレミスサーバーがあります。

名前	OS	フォルダ
Server1	Windows Server 2016	D:¥Data1、E:¥Data2
Server2	Windows Server 2019	D:¥Data3

あなたは、オンプレミスサーバーと Azure ファイル共有を Azure ファイル同期で同期する予定です。そのため、以下の手順を実行しました。

① Azure ファイル同期サービス Sync1 を作成する
② share1 をクラウドエンドポイントとした同期グループ Group1 を作成する
③ Server1 と Server2 に Azure ファイル同期エージェントをインストールする
④ Server1 と Server2 を Sync1 へ登録する

⑤ Group1 のサーバーエンドポイントとして Server1 の D:¥Data1 を追加する

この後の操作として適切な場合は［はい］、適切でない場合は［いいえ］を選択してください。

	はい	いいえ
Group1 のクラウドエンドポイントに share2 を追加する		
Group1 のサーバーエンドポイントに Server1 の E:¥Data2 を追加する		
Group1 のサーバーエンドポイントに Server2 の D:¥Data3 を追加する		

解説

Azure ファイル同期の同期グループのクラウドエンドポイントは、1 つのみ登録可能です。サーバーエンドポイントは複数登録可能ですが、1 つの同期グループにおいては、1 台のサーバーから 1 つのエンドポイントのみ登録できます。よって、正解は［答］の表のとおりです。

［答］

	はい	いいえ
Group1 のクラウドエンドポイントに share2 を追加する		○
Group1 のサーバーエンドポイントに Server1 の E:¥Data2 を追加する		○
Group1 のサーバーエンドポイントに Server2 の D:¥Data3 を追加する	○	

Q4 あなたは、Azure PowerShell スクリプトを使用し、Azure ファイル共有にアクセスする予定です。使用するストレージアカウントは contosostorage、共有フォルダは data です。スクリプトに記述すべき UNC パスとして適切なものを 1 つ選択してください。

A. ¥¥data¥contosostorage

B. ¥¥contosostorage¥data

（選択肢は次ページに続きます。）

C. ¥¥contosostorage.file.core.windows.net¥data

D. ¥¥contosostorage.blob.core.windows.net¥data

解説

Azure ファイル共有にアクセス可能な UNC パスは、¥¥< ストレージアカウント名 >.file.core.windows.net¥<Azure ファイル共有名 > です。よって、C が正解です。

［答］C

Q5 あなたの会社には、以下のエンドポイントを持つ Azure ファイル同期の同期グループがあります。

名前	種類	クラウド階層化
Endpoint1	クラウドエンドポイント	
Endpoint2	サーバーエンドポイント	無効
Endpoint3	サーバーエンドポイント	有効

あなたは、File1 を Endpoint1 へコピーし、File2 を Endpoint2 へコピーしました。ファイルを追加してから 24 時間後に File1 と File2 にアクセスできるエンドポイントはどれですか？

[File1]

A. Endpoint1

B. Endpoint3

C. Endpoint2、Endpoint3

D. Endpoint1、Endpoint2、Endpoint3

[File2]

E. Endpoint1

F. Endpoint3

G. Endpoint2、Endpoint3

H. Endpoint1、Endpoint2、Endpoint3

解説

Azure ファイル同期による同期は、オンプレミスのファイルサーバー（サーバーエンドポイント）からでも Azure ファイル共有（クラウドエンドポイント）からでも、ともに 24 時間以内に完了します。この同期時間にクラウド階層化の有無は影響を与えません。よって、すべてのエンドポイントで、すべてのファイルが同期されるので、D と H が正解です。

［答］D、H

3

Q6 あなたは、ストレージアカウントのセキュリティを向上させる予定です。以下の図は、ストレージアカウントの［ファイアウォールと仮想ネットワーク］ブレードの構成です。ストレージアカウントの動作として適切なものを選択してください。

［10.0.1.0/24 のサブネットの仮想マシンはストレージアカウントのファイル共有にアクセス］

A. できる

B. できない

［Azure Backup はストレージアカウントのアンマネージドディスクにアクセス］

C. できる

D. できない

解説

ストレージアカウントの［ファイアウォールと仮想ネットワーク］において、ストレージアカウントへのアクセスをサブネット単位で制限することができます。設問の図によると、アドレス範囲10.0.0.0/24のサブネットの仮想マシンのみがアクセスを許可されます。ただし、例外として、［信頼されたMicrosoftサービスによるこのストレージアカウントに対するアクセスを許可します］が選択されているため、Azure BackupなどのAzureサービスのアクセスはすべて許可されます。よって、BとCが正解です。

［答］B、C

Q7 あなたは、Azureファイル同期による同期を行う2つのオンプレミスサーバーServer1、Server2を構成しました。Server1とServer2のサーバーエンドポイントの同じ名前のファイルをほぼ同時に変更した場合、そのファイルはどうなりますか？適切な動作を1つ選択してください。

A. タイムスタンプを確認し、新しいファイルで上書きされる
B. 同期はエラーとなり、ユーザーが上書きするファイルを選択する
C. ファイル名が変更され、両方のファイルが保持される
D. 両方のファイルがマージされる

解説

Azureファイル同期では、同時変更によるファイル内容の競合に対して、「単純な競合解決戦略」を採用しています。単純な競合解決戦略では、ファイルが競合した場合、ファイル名を変更して両方のファイルを保持します。よって、Cが正解です。

［答］C

Q8 あなたは、オンプレミスの仮想マシンイメージをストレージアカウントstorage1へアップロードし、このイメージを使用して、仮想ネットワークVNet1に仮想マシンを作成する予定です。ただし、storage1へアップロードできるのは、131.107.1.0/24のパブリックIP範囲を持つ特定のオンプレミスネットワークに限定する必要があります。何をすべきですか？適切な手順を2つ選択してください。

A. storage1 の［ファイアウォールと仮想ネットワーク］ブレードで［選択されたネットワーク］を選択する

B. storage1 の［ファイアウォールと仮想ネットワーク］ブレードで［信頼された Microsoft サービスによるこのストレージアカウントに対するアクセスを許可します］を選択する

C. ［アドレス範囲］に「131.107.1.0/24」を追加する

D. ［仮想ネットワーク］に VNet1 を追加する

E. VNet1 にサービスエンドポイントを追加する

解説

ストレージアカウントの［ファイアウォールと仮想ネットワーク］ブレードでは、許可するアクセス元として、仮想ネットワークおよびパブリック IP アドレスの範囲を指定できます。この設問では、アクセス元がインターネット経由でアクセスするオンプレミスのため、パブリック IP アドレスの範囲を指定する必要があります。また、仮想マシンがこのストレージアカウントにアクセスするには、［選択されたネットワーク］を選択する必要があります。よって、A と C が正解です。

［答］A、C

Q9 あなたは、既存の汎用 v2 Storage のストレージアカウントのレプリケーション方法をローカル冗長からゾーン冗長へ変更する予定です。何をすべきですか？

A. Azure ポータルで新しいサポートリクエストを作成する

B. Azure ポータルの［ストレージアカウント］の［構成］ブレードでレプリケーション方法を変更する

C. Azure ポータルの［ストレージアカウント］の［geo レプリケーション方法］で別のリージョンを追加する

D. 既存のストレージアカウントのレプリケーション方法を変更することはできない

解説

ストレージアカウントのレプリケーション方法をローカル冗長からゾーン冗長へ変更するには、ライブマイグレーションの要求を行う必要があります。ライブマイグレーションとは、ダウンタイムやデータ損失のないインプレース移行です。ただし、ライブマイグレーションの要求は Azure ポータルからは行えず、サポートリクエストで対応する必要があります。よって、A が正解です。

［答］A

Q10 あなたは、ストレージアカウントの Blob にアクセスするアプリ App1 と App2 を仮想マシンにインストールする予定です。App1 はマネージド ID を使用してアクセスし、App2 はアクセス期間を指定してアクセスします。この場合、それぞれどのような委任方法を設定しますか？

[App1]

A. アクセスキー

B. 共有アクセス署名

C. IAM

[App2]

D. アクセスキー

E. 共有アクセス署名

F. IAM

解説

マネージド ID を使用するアプリのアクセス権の委任には、RBAC つまり、IAM（Identity and Access Management）を使用します。また、操作や期間などを制限するアプリのアクセス権の委任には、共有アクセス署名（SAS : Shared Access Signature）を使用します。よって、App1 は C、App2 は E が正解です。

［答］App1 - C、App2 - E

第4章

Azure コンピューティングリソースの展開と管理

Azure コンピューティングリソースは、アプリケーションを実行する環境を提供します。代表的なコンピューティングリソースには、Azure 仮想マシン、Azure App Service、コンテナーがあります。

4.1 仮想マシンの作成と構成

Azure 仮想マシンとは

Azure 仮想マシン（仮想マシン）は、いわゆるサーバー仮想化環境です。Azure データセンターに用意されている Hyper-V ベースのホストサーバーで、Windows または Linux の仮想マシンを実行することができます。Hyper-V は、Windows Server に標準で搭載されているマイクロソフト社のサーバー仮想化技術です。開発テスト用のエントリレベルの仮想マシンから大規模ワークロードを処理するハイパフォーマンスな仮想マシンまで、ビジネスニーズに合わせてさまざまな仮想マシンを作成できます。

仮想マシンを作成する

Azure ポータルからウィザード形式でパラメーターを指定し、仮想マシンを作成することができます。

図 4.1-1　仮想マシンの作成

作成時の主なパラメーターは、以下のとおりです。

基本

仮想マシンの名前やデプロイするOSの種類といった基本的なパラメーター、および仮想マシンのサイズを指定します。仮想マシンのサイズに応じて、仮想マシンに割り当てられるCPU（vCPU）の種類（IntelやAMD、ARMなど）や数、メモリサイズなどの性能が決まります。

ディスク

仮想マシンのディスク構成を指定します。仮想マシンのディスクは、表4.1-1の3種類に大別されます。

表4.1-1　仮想マシンのディスク

種類	説明
OSディスク	WindowsまたはLinuxのOSを含むディスク
データディスク	アプリやデータを格納するためのオプションのディスク。複数のディスクを追加することが可能
一時ディスク	読み取り／書き込み性能の高いディスクだが、**仮想マシンを停止するとディスク内のデータはすべて消去される**。そのため、キャッシュなどで使用される

Windowsの仮想マシンの場合、OSディスクがCドライブ、**一時ディスクがDドライブとなります。**データディスクは、オプションでEドライブ以降に割り当てられます。

ネットワーク

仮想マシンを接続する仮想ネットワークとサブネットを指定します。ネットワークの詳細については、「第5章 仮想ネットワークの構成と管理」を参照してください。

管理

仮想マシンの自動バックアップや監視の有無などの運用管理を指定します。

詳細

仮想マシンに仮想マシン拡張機能を追加できます。仮想マシン拡張機能は、Windows と Linux に対応した小さなプログラム（アドオン）です。たとえば、ウイルス対策アプリやバックアップアプリなどのさまざまな拡張機能がマイクロソフト社やサードパーティから提供されており、それらの機能を仮想マシンに簡単に追加できます。また、カスタムスクリプト拡張機能や PowerShell DSC 拡張機能を利用すれば、仮想マシン内でスクリプトを自動実行することも可能です。カスタムスクリプト拡張機能と PowerShell DSC 拡張機能については、P. 113「仮想マシンの OS 構成の変更を自動化する」を参照してください。

仮想マシンを管理する

仮想マシンを作成すると、その仮想マシンは自動的に開始されます。Azure ポータルでは必要に応じて、仮想マシンの開始、停止、再起動、および設定の変更が行えます。なお、仮想マシンの設定を変更する場合、変更するパラメーターによってはダウンタイムが発生することもあります。**たとえば、仮想マシンへのディスクの追加にはダウンタイムはありませんが、サイズの変更では、仮想マシンが自動的に再起動されるため、ダウンタイムが発生します。**

仮想マシンに接続する

仮想マシンにアプリケーションをインストールしたい場合や、OS そのものの設定を変更したい場合は、仮想マシンに直接接続して操作します。仮想マシンへの接続方法は OS によって異なります。Windows の場合は、RDP（Remote Desktop Protocol）によるリモートデスクトップ接続を使用して接続します。また、Linux の場合は、SSH（Secure Shell）を使用して接続します。一度接続すれば、物理サーバーと同様の操作が可能です。

図 4.1-2　リモートデスクトップ接続による Windows 仮想マシンへの接続

Azure Marketplace から仮想マシンを作成する

仮想マシンは Windows や Linux の OS イメージから作成します。OS イメージは、マイクロソフト社から提供される基本的なもの以外に、サードパーティから提供されるものもあります。サードパーティから提供される OS イメージは、Azure Marketplace で入手可能です。Azure Marketplace では、データベースやネットワーク、セキュリティなどのさまざまなアプリがインストールされた OS イメージが公開されており、ユーザーは、手軽にそれらを利用して仮想マシンを作成することができます。ただし、一部のアプリについては、事前に使用条件を受諾する必要があります。**使用条件を受諾していない場合、「ユーザーはリソースを購入するための検証に失敗しました」というエラーメッセージが表示されます。使用条件を受諾するには、Azure ポータルまたは Azure PowerShell の Set-AzMarketplaceTerms コマンドレットを使用します。**

仮想マシンをリソースグループ間で移動する

仮想マシンの作成時、仮想マシンのリソースを格納するリソースグループを指定しますが、リソースは、仮想マシンの作成後に別のリソースグループへ移動させることもできます。この移動において、仮想マシンのダウンタイムはありません。

仮想マシンを仮想ネットワーク間で移動する

仮想マシンを別の仮想ネットワークへ移動させることはできません。どうしても、別の仮想ネットワークへ移動させたい場合は、**ディスクを残した状態で仮想マシンをいったん削除した後、そのディスクを再利用して、別の仮想ネットワークで仮想マシンを作成し直す必要があります。**

仮想マシンを再デプロイする

仮想マシンの動作が不安定で、その原因がわからない場合は、仮想マシンを実行するホストサーバー（Hyper-V ホストサーバー）に問題があるかもしれません。このような原因不明の動作不良は、再デプロイにより、仮想マシンを現在のホストサーバーから別のホストサーバーへ強制的に移動させることで解決できる場合があります。また、**仮想マシンを実行するホストサーバーのメンテナンスが予定されている場合、再デプロイにより、任意の時間（業務時間外など）に、仮想マシンをメンテナンスが完了した最新のホストサーバーへ移動できます。ただし、再デプロイでは、D ドライブなどの一時ディスクのデータがすべて消去される点に注意が必要です。**また、再デプロイ中はダウンタイムも発生します。

図 4.1-3　仮想マシンの再デプロイ

Hyper-V 仮想マシンを Azure 仮想マシンへ移行する

Azure 仮想マシンの実体は、Hyper-V ベースの仮想マシンなので、オンプレミスの Hyper-V 仮想マシンから Azure 仮想マシンへの移行は比較的容易です。ただし、移行できるのは、Hyper-V 仮想マシンのディスクのみであり、設定は移行できません。そのため、Hyper-V 仮想マシンのディスクを Azure へアップロードし、そのディスクから Azure 仮想マシンを作成する必要があります。

図 4.1-4　Hyper-V 仮想マシンから Azure 仮想マシンへの移行

Hyper-V では、仮想マシンのディスクの種類として VHD ファイルと VHDX ファイルを使用できますが、**Azure でサポートされるのは VHD ファイルのみです。VHDX ファイルを使用したい場合は、あらかじめ VHD ファイルに変換しておく必要があります。**なお、この変換は、Hyper-V の標準ツールで可能です。

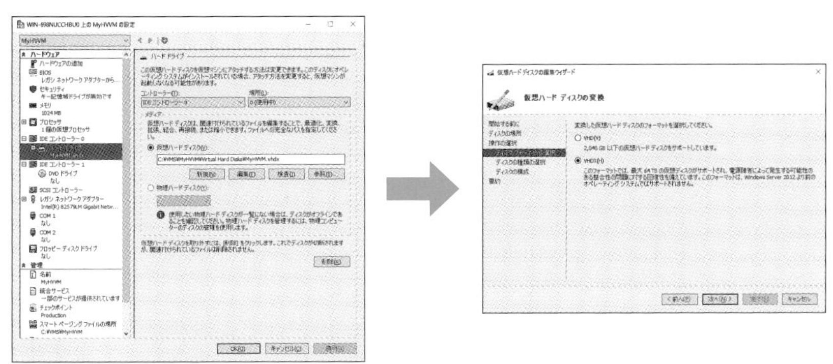

図 4.1-5　Hyper-V 仮想マシンの VHD ファイルへの変換

サブスクリプションのクォータを変更する

仮想マシンをデプロイしようとしても、クォータの制限でデプロイできないことがあります。クォータとは、サブスクリプション内のリソースのデプロイを制限する標準機能です。たとえば、クォータの一例である最大 vCPU 数は、リージョンごとに使用できる仮想マシンの vCPU 数を制限します。クォータは、スクリプトの不具合により、予定を上回る大量の仮想マシンがデプロイされて多額の料金が請求されないよう、安全装置として機能します。もちろん実際には、より多くの vCPU 数を使いたい場合もあるので、サポートリクエストを提出してサブスクリプションのクォータを引き上げることも可能となっています。

POINT!

最大 vCPU のクォータでは、停止している仮想マシンの vCPU もカウントされる。

4.2 仮想マシンのデプロイと構成の自動化

ARM テンプレートとは

ARM（Azure Resource Manager）テンプレートは、Azure リソースのデプロイ手順を記述したテキスト形式のテンプレートファイルです。ARM テンプレートを作成し、実行すると、Azure ポータルを操作しなくても仮想マシンなどの Azure リソースを簡単にデプロイできます。ARM テンプレートは繰り返して使用できるため、複数の仮想マシンをまとめてデプロイしたい場合や、同じ仮想マシンを繰り返しデプロイしたい場合などに便利です。

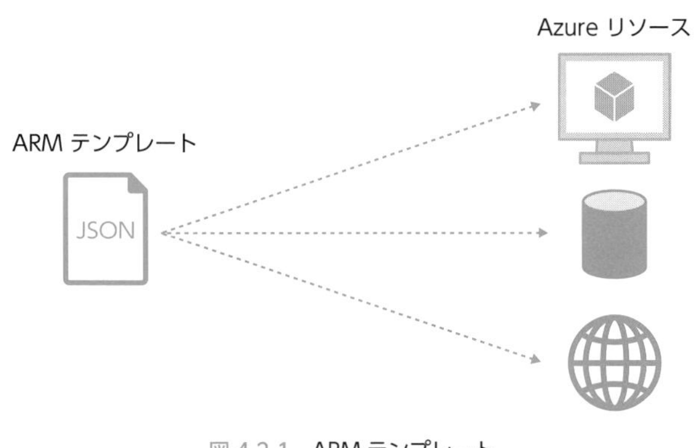

図 4.2-1　ARM テンプレート

ARM テンプレートを開発する

ARM テンプレートには、デプロイする Azure リソースの種類およびそのプロパティを JSON 形式で記述します。図 4.2-2 は、パブリック IP アドレスをデプロイするテンプレートの例です。

```
{
    "$schema": "https://schema.management.azure.com/schemas/2019-04-01/
deploymentTemplate.json#",                                              ①
    "contentVersion": "1.0.0.0",                                        ②
    "parameters": {                                                     ③
        "name": {
            "type": "String"
        },
        "location": {
            "defaultValue": "westus",
            "type": "String"
        }
    },
    "variables": {                                                      ④
        "location": "[resourceGroup().location]"
    },
    "resources": [                                                      ⑤
        {
            "type": "Microsoft.Network/publicIPAddresses",
            "apiVersion": "2019-11-01",
            "name": "[parameters('name')]",
            "location": "[variables('location')]",
            "sku": {"name": "Basic"},
            "properties": {
                "publicIPAddressVersion": "IPv4",
                "publicIPAllocationMethod": "Dynamic"
            }
        }
    ],
    "outputs": {                                                        ⑥
        "Memo": {
            "type": "string",
            "value": "AZ104試験対策"
        }
    }
}
```

図 4.2-2　ARM テンプレートの例

テンプレートは、大きく6つのパートで構成されます。図4.2-2の①は、テンプレートで使用するスキーマのバージョンです。スキーマとは、テンプレートを記述する際のルールです。ARMテンプレートでは、スキーマのバージョンは複数用意されていますが、特別な理由がなければ最新バージョンを使用します。②は、テンプレート自体のバージョンです。このバージョンはARMテンプレートの動作に影響しないので、「1.0」や「1.0.0」など開発者が自由に記述することができます。③から⑥までは、以下に示す4つのセクションになります。なお、これら4つのセクションのうち必須なのは、Resourcesセクションのみで、他のセクションは省略も可能です。

③ Parametersセクション

ARMテンプレートの実行時にユーザーに入力を要求するパラメーターを、ここで指定します。入力チェック機能も用意されており、数字のみ入力可としたり、入力できる最小値と最大値などを指定することもできます。ここでユーザーが指定したパラメーターの値は他のセクションで使用します。

図4.2-3　ユーザーに入力を要求するパラメーター例（NameとLocation）

④ Variablesセクション

ARMテンプレート内の変数を宣言します。ここで宣言した変数は他のセクションで使用します。

⑤ Resourcesセクション

ARMリソースをデプロイします。デプロイ時に必要な値には、Parametersセクションのパラメーターの値や Variables セクションの変数を使用できます。また、この Resources セクションで、値を直接指定することも可能です。

⑥ Outputs セクション

ARM テンプレートを実行すると、その詳細が Azure のデプロイログに記録されます。ここでは、そのデプロイログに任意のメッセージを追加します。

ARM テンプレートを効率的に開発する

ARM テンプレートはテキストファイルなので、テキストエディタさえあれば開発が可能ですが、ゼロから開発するのは大変です。Azure クイックスタートテンプレート（https://azure.microsoft.com/ja-jp/resources/templates/）に ARM テンプレートのサンプルが多数用意されているので、これをダウンロードし、カスタマイズして使用すれば、開発を効率的に行えます。

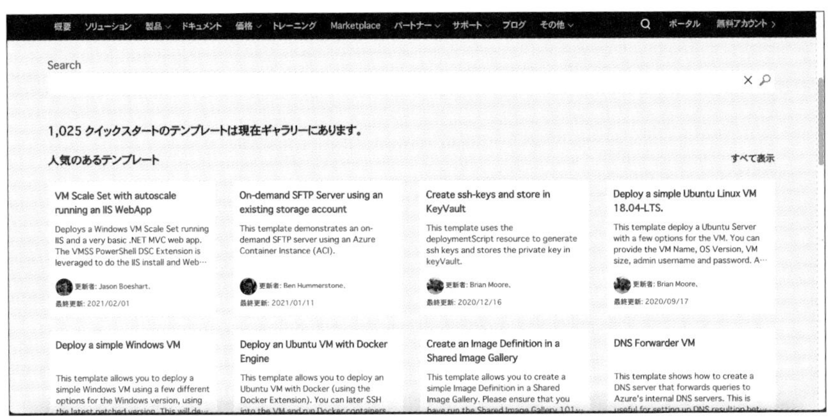

図 4.2-4　Azure クイックスタートテンプレート

また、Azure ポータルから既存の Azure リソースを開き、［テンプレートのエクスポート］ブレードで［ダウンロード］をクリックすると、**Azure リソースから逆に ARM テンプレートを生成し、ダウンロードすることができます。**つまり、Azure ポータルでリソースをいったん作成し、そのリソースから ARM テンプレートを生成すれば、次回から便利なひな形として活用できます。

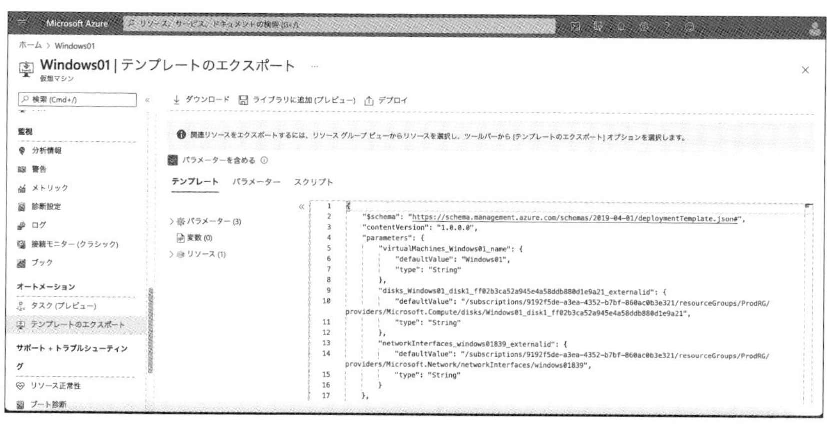

図 4.2-5　テンプレートのエクスポート

ARM テンプレートを実行する

ARM テンプレートを実行する管理ツールと実行方法は、表 4.2-1 の 3 種類です。

表 4.2-1　ARM テンプレートの主な実行方法

管理ツール	実行方法
Azure ポータル	[カスタムデプロイ] を実行する
Azure PowerShell	New-AzResourceGroupDeployment コマンドレットを実行する
Azure CLI	az deployment group create コマンドを実行する

ARM テンプレートの実行時には、Parameters セクションで定義されているパラメーターの指定が必要です。また、リソースを格納するために**リソースグループ名の指定も必須となります。**

図 4.2-6　Azure ポータルの［カスタムデプロイ］

POINT!

ARM テンプレート内では、リソースグループを指定することはできない。ARM テンプレートの実行時に、必ずリソースグループを指定する。

ARM テンプレートの実行結果を確認する

ARM テンプレートの実行結果（デプロイログ）は、Azure ポータルから［リソースグループ］メニューを開き、［デプロイ］ブレードを表示して確認できます。［デプロイ］ブレードでは、ARM テンプレート名、実行の成功または失敗、実行日時、実行者を追跡することができます。また、ARM テンプレートの Outputs セクションの値も確認できます。

図 4.2-7　リソースグループの［デプロイ］ブレード

ARM テンプレート内の機密情報を隠ぺいする

ARM テンプレート内に管理者のパスワードなどの機密情報をプレーンテキストで記述することは、ARM テンプレートが漏洩した場合に大きなセキュリティリスクとなります。そのため、機密情報は、ARM テンプレート内には記述せず、**代わりに Azure Key Vault に記述しておき、ARM テンプレートの実行時にそれを読み込むよう構成します。** Azure Key Vault は、機密情報を安全に管理する Azure のサービスです。Azure Key Vault を併用すれば、ARM テンプレートが漏洩しても、機密情報が漏洩するリスクを軽減できます。

仮想マシンの OS 構成の変更を自動化する

ARM テンプレートは、仮想マシンのデプロイを自動化できますが、仮想マシン内の Windows や Linux の OS の構成の変更を自動化することはできません。たとえば、ファイルのアクセス権を変更する、ユーザーやグループを作成する、**Web サーバーをインストールするといったことは自動化できません。** このような OS 構成の変更を自動化するには、マイクロソフト社が無償で提供する次の 2 つの仮想マシン拡張機能を使用します。

カスタムスクリプト拡張機能

仮想マシンのデプロイ時に、スクリプトを自動的に実行します。Windows の場合は PowerShell スクリプト、Linux の場合はシェルスクリプトを実行できます。

```
Install-WindowsFeature -Name Web-Server
```

図 4.2-8　Web サーバー(Internet Information Service) をインストールするカスタムスクリプトの例

PowerShell DSC 拡張機能

仮想マシンのデプロイ時に、独自のスクリプト環境である PowerShell DSC (Desired State Configuration) 構成を自動的に実行します。PowerShell DSC 構成は、構成管理に特化したスクリプトなので、複雑な構成を簡単に記述できます。

```
Configuration IISDSC
{
    Node localhost
   {
    WindowsFeature IIS
        {
        Name = "Web-Server"
        Ensure = "Present"
        }
    }
}
```

図 4.2-9　Web サーバー (Internet Information Service) をインストールする PowerShell DSC 構成の例

POINT!

PowerShell DSC 拡張機能は、仮想マシンが停止している場合は使用できないので注意すること。

仮想マシンのデプロイからOSの構成までを自動化する

ARMテンプレートで仮想マシンや後述する仮想マシンスケールセットをデプロイする際に、PowerShell DSC拡張機能を使用することもできます。これにより、仮想マシンのデプロイから仮想マシン内のOSの構成までを一気通貫で自動化することが可能です。

ARMテンプレートでPowerShell DSC拡張機能を使用するには、**PowerShell DSC構成（スクリプト）をAzure Storageなどのクラウドストレージへアップロード**し、ARMテンプレートから呼び出します。ただし、仮想マシンと仮想マシンスケールセットでは、ARMテンプレートの記述方法が異なります。仮想マシンの場合は、PowerShell DSC拡張機能を独立したリソースとして定義しますが、**仮想マシンスケールセットの場合は、仮想マシンスケールセットのリソースのextensionProfile属性として定義します。**

Azure Automation State ConfigurationでDSCサーバーをデプロイする

前述のPowerShell DSCでは、仮想マシンにDSC構成を1回だけ適用します。定期的に仮想マシンにDSC構成を適用し、構成を維持したい場合は、別途、DSCサーバーを用意します。なお、DSCサーバーは、Azure Automation State Configurationを使用してデプロイできます。Azure Automation State Configurationは、仮想マシンだけではなく、オンプレミスのコンピューターも含め、DSC構成を適用でき、継続的な一貫性のある構成管理を実現できるサービスです。

Azure Automation State ConfigurationでDSCサーバーをデプロイし、DSC構成を仮想マシンに割り当てる手順は、以下のとおりです。

❶ Azure Automationアカウントを作成する

Azure Automation State Configurationは、Azure Automationサービスの一部として実装されています。そのため、まず、Azure Automationサービスのリソースである Azure Automationアカウントを作成することで、DSCサーバーをデプロイします。

❷ DSC構成をアップロードする

PowerShell DSC構成（スクリプト）をAzure Automationアカウントに

アップロードします。

❸ DSC 構成をコンパイルする

Azure Automation State Configuration では、DSC 構成をコンパイルし、ノード構成を生成する必要があります。このコンパイルはクリック 1 回で完了するため、特別な知識は不要です。

❹ ノード構成をコンピューターに割り当てる

ノード構成を仮想マシンなどのコンピューターに割り当てます。また、このときに更新頻度も指定できます。既定では、30 分ごとに更新します。

❺ 準拠の状態を確認する

Azure ポータルでは、対象のコンピューターの整合性チェックの結果をレポートとして確認することができます。チェックの結果は、「準拠している」、「準拠していない」、「失敗」のいずれかになります。

POINT!

Azure Automation State Configuration のデプロイ手順をしっかり押さえる。

4.3 高可用性とスケーラビリティを実現する仮想マシンの構成

可用性と可用性セットとは

可用性とは、「ハードウェアの故障やアクシデント、災害などの予期せぬ障害が発生しても、システムが継続して稼働できる能力」をいいます。仮想マシンの可用性を向上させるには、複数の仮想マシンを作成しますが、可用性セットを併用すると、これらの仮想マシンを Azure データセンターの異なるホストサーバーに配置することができ、可用性がさらに向上します。

可用性セットによる仮想マシンの可用性の向上

可用性セットは、専用のリソースとして準備しておき、仮想マシンの作成時に割り当てます。なお、仮想マシンの作成後に可用性セットを割り当てたり、変更したりすることはできません。可用性セットには、表 4.3-1 の 2 つのパラメーターがあります。

表 4.3-1　可用性セットのパラメーター

可用性セットのパラメーター	説明
更新ドメイン (Update Domain)	仮想マシンを配置するホストサーバーの数を 1～20 の範囲で指定する。**ホストサーバーの計画メンテナンスに対応できる**
障害ドメイン (Fault Domain)	仮想マシンを配置するサーバーラックの数を 1～3 の範囲で指定する。**サーバーラックの障害に対応できる**

たとえば、更新ドメインが 5、障害ドメインが 2 の可用性セットを作成し、この可用性セットに 6 台の仮想マシンを割り当てたとします。この場合、図 4.3-1 のように、2 つのサーバーラックにある 5 つのホストサーバーに仮想マシンが分散配置され

ます。これにより、計画メンテナンスのために順番にホストサーバーの再起動が発生しても、4 台以上の仮想マシンが継続稼働します。また、1 つのサーバーラックが障害で停止しても、3 台の仮想マシンは継続稼働することになります。

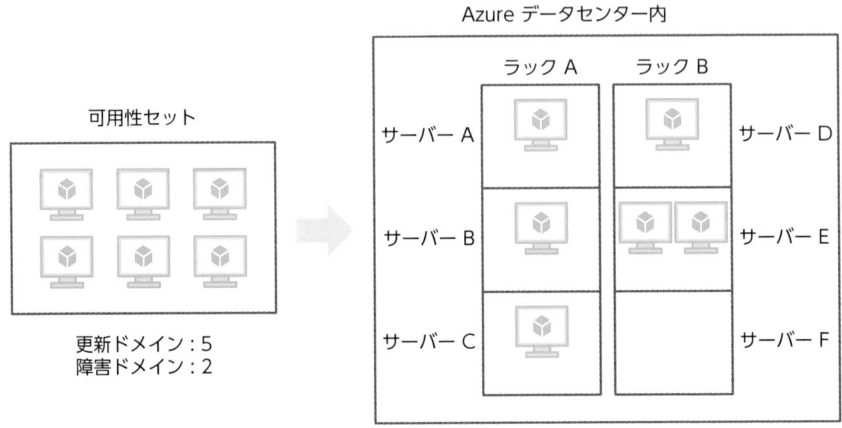

図 4.3-1　可用性セットのアーキテクチャ

可用性ゾーンとは

複数の仮想マシンの可用性を向上させるもう 1 つのオプションが、可用性ゾーンです。前述の可用性セットは 1 つの Azure データセンター内で仮想マシンを分散配置していましたが、可用性ゾーンは、複数の Azure データセンターで仮想マシンを分散配置します。そのため、**データセンターの障害に対応でき、より高い可用性が提供されます。**

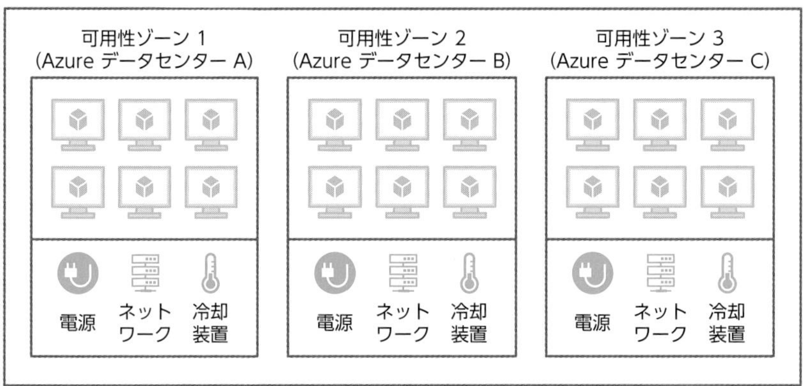

図 4.3-2　可用性ゾーンのアーキテクチャ

ただし、現在、可用性ゾーンを使用できるリージョンは限定されています（アジア地区では、東日本リージョンと東南アジアリージョンのみ）。また、**ディスクの種類がアンマネージドディスクの仮想マシンでは、可用性ゾーンがサポートされない**ので、事前にマネージドディスクに変換しておく必要があります。

POINT!

仮想マシンのディスクには、マネージドディスクとアンマネージドディスクの2種類がある。両者の主な違いは、ディスクの格納場所である。マネージドディスクは、Azureが管理するストレージアカウントにディスクを作成するが、アンマネージドディスクは、ユーザーが管理するストレージアカウントにディスクを作成する。そのため、マネージドディスクではストレージアカウントを意識する必要がないが、アンマネージドディスクでは、別途、ストレージアカウントの管理が必要となり、管理負荷が増える。現在、マネージドディスクが主流となっている。

仮想マシンをスケーリングする

仮想マシンのスケーリングとは、「負荷の増減に応じて、仮想マシンの処理能力を最適化する能力」です。仮想マシンでは、次の2種類のスケーリング方法がサポートされています。

スケールアウトとスケールイン

仮想マシンの数を変更することで、分散処理を行い、処理能力を最適化します。仮想マシン数を増やすことを「スケールアウト」、仮想マシン数を減らすことを「スケールイン」と呼びます。サービス自体のダウンタイムがないため、推奨されるスケーリング方法です。

スケールアップとスケールダウン

仮想マシンのサイズを変更することで、vCPU 数やメモリサイズを変更し、仮想マシンの処理能力を最適化します。仮想マシンのサイズを大きくすることを「スケールアップ」、仮想マシンのサイズを小さくすることを「スケールダウン」と呼びます。仮想マシンのサイズを変更すると、仮想マシンの再起動が必要となるため、このスケーリング方法ではダウンタイムが発生します。**データベースなどは、複数の仮想マシンで分散処理ができない仕様のため、この方法を選択します。**

仮想マシンスケールセットとは

仮想マシンスケールセットは、仮想マシンのスケールアウトとスケールインを自動的に行う機能です。仮想マシンスケールセットでは、複数の仮想マシンをまとめて作成し、さらに負荷の増減に合わせて自動的に仮想マシンの作成または削除を行います。また、一緒に可用性セットまたは可用性ゾーンも構成できるので、仮想マシンの可用性も向上します。

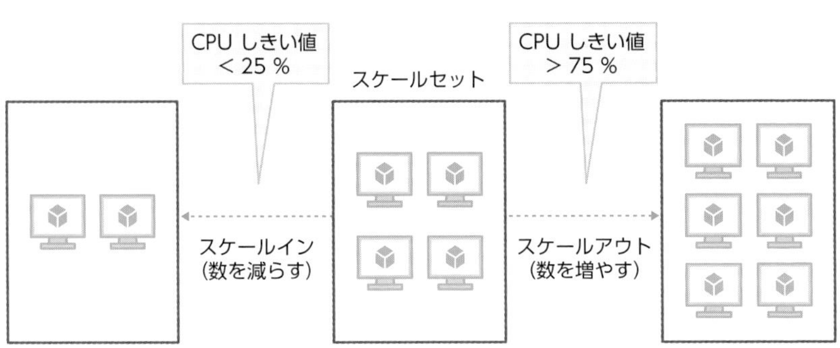

図 4.3-3　仮想マシンスケールセット

POINT!

可用性セット、可用性ゾーン、仮想マシンスケールセットは、名前は似ているが、それぞれ異なる機能である。可用性セットと可用性ゾーンは、可用性を向上する機能であり、仮想マシンスケールセットは、スケーリングを実現する機能である（間接的には可用性も向上する）。

仮想マシンスケールセットを作成する

仮想マシンスケールセットの作成は、仮想マシンの作成と似ていますが、スケーリング機能のオプションが追加されています。スケーリング機能では、表 4.3-2 のパラメーターを構成します。

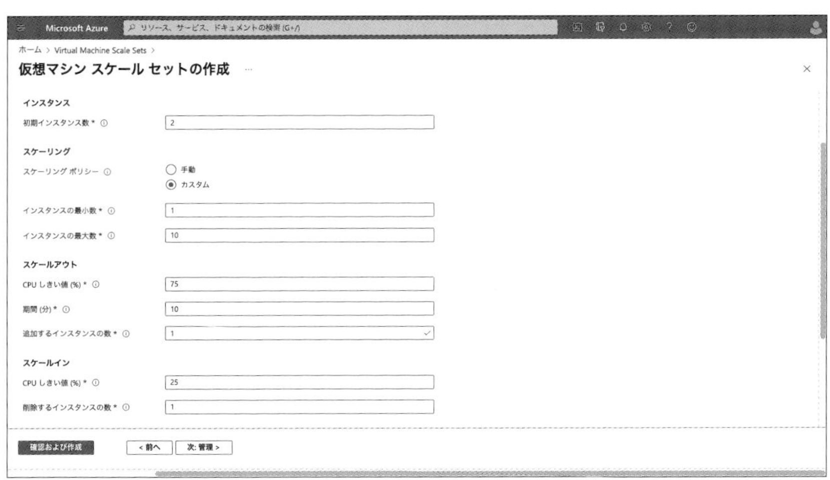

図 4.3-4　仮想マシンスケールセットの作成

表 4.3-2　スケーリング機能のパラメーター

パラメーター	説明
初期インスタンス数	デプロイ直後の仮想マシン数を指定する
スケーリングポリシー	仮想マシンの最小数と最大数を指定する
スケールアウト	メトリックにもとづき、追加する仮想マシンの数を指定する
スケールイン	メトリックにもとづき、削除する仮想マシンの数を指定する
スケールインポリシー	スケールインにより削除される仮想マシンの順番を指定する

仮想マシンスケールセット内の仮想マシンのサイズを変更する

仮想マシンスケールセット内の仮想マシンのサイズ（vCPU 数やメモリサイズなど）を変更することもできます。ただし、**仮想マシンのサイズを変更すると、仮想マシンスケールセット内にあるすべての仮想マシンのサイズが変更され、再起動が行われます。このため、ダウンタイムが発生するので注意が必要です。**

仮想マシンスケールセット内の仮想マシンの OS を自動的にアップグレードする

仮想マシンスケールセットには、仮想マシンスケールセット内の仮想マシンで使用された OS イメージが更新された場合に、ユーザーの介入なしですべての仮想マシンの OS を自動的に更新する「OS の自動アップグレード機能」があります。**OS の自動アップグレードでは、仮想マシンスケールセット内の仮想マシンをランダムに 1 台ずつアップデートしていく「ローリングアップデート」が採用されているため、仮想マシンスケールセット全体ではダウンタイムはありません。**

POINT!

仮想マシンスケールセットの変更によるダウンタイムについてしっかり押さえること。サイズを変更した場合は、すべての仮想マシンが同時に再起動するため、ダウンタイムが発生する。一方、OS をアップグレードした場合は、仮想マシンが 1 台ずつ再起動するため、ダウンタイムは発生しない。

仮想マシンスケールセットのオーケストレーションモードを使用する

従来、仮想マシンスケールセットは、専用のリソースであったため、外部の仮想マシン（既存の仮想マシン）を後から仮想マシンスケールセットに追加することができませんでした。しかし、新しいオプションのオーケストレーションモードを利用することで、外部の仮想マシンをいつでも仮想マシンスケールセットに追加することが可能となりました。オーケストレーションモードは、表 4.3-3 のように 2 種類あります。

表 4.3-3 仮想マシンスケールセットのオーケストレーションモード

オーケストレーションモード	説明
ScaleSetVM	従来の方法。あらかじめ用意しておいた OS イメージから仮想マシンを作成して、スケールセットに追加する
VM	外部で作成された仮想マシンをスケールセットに追加する。**追加できる仮想マシンは、スケールセットと同じリージョンの仮想マシンのみ**

従来の仮想マシンスケールセット（ScaleSetVM）は、あらかじめ用意しておいた OS イメージを使用して、新たに仮想マシンを作成し、スケールアウトします。これに対して、新しい仮想マシンスケールセット（VM）では、外部で作成した仮想マシンをスケールセットに追加することで、スケールアウトします。

POINT!

仮想マシンスケールセットをできるだけ早く作成したい場合は、オーケストレーションモードとして ScaleSetVM を選択すればよい。ScaleSetVM は、自動的に仮想マシンを作成してくれる。オーケストレーションモードとして VM を選択すると、別途、手動で仮想マシンを作成し、空のスケールセットへ追加することになるので時間がかかる。

近接配置グループとは

膨大な計算処理を行うハイパフォーマンスコンピューティング（HPC）シナリオなど、複数の仮想マシンが互いに大量のデータを交換する場合、それらの仮想マシンを物理的に近い場所に配置したほうが、ネットワークパフォーマンスが向上します。近接配置グループを使用すれば、複数の仮想マシンを同じ Azure データセンターに配置することが保証され、仮想マシン間の通信の待ち時間を短縮できます。ユーザーは、近接配置グループをリソースとして作成し、仮想マシンの作成時に、このリソースを指定します。なお、**近接配置グループとこれを使用する仮想マシンや仮想マシンスケールセットは、同じリージョンに作成する必要があります。**

4.4 コンテナーのデプロイと構成

コンテナーとは

コンテナーは、仮想化テクノロジの1つで、アプリケーションとライブラリをまとめた小さな仮想環境です。仮想マシンとは異なり、仮想環境内にはOSが不要なので、サイズが小さくて取り扱いがしやすい、素早く実行できる、消費リソースが少ないといったメリットがあります。以前、コンテナーは、管理が難しいというデメリットがありましたが、オープンソースのDockerがこれを改善し、現在は広く普及しています。

Azureでは、Dockerベースのコンテナーを実行するためのサービスとして、Azure Container Instances（ACI）とAzure Kubernetes Service（AKS）が用意されています。これらのサービスではAzureが管理する仮想マシン上でコンテナーを実行します。

Azure Container Instances とは

Azure Container Instances（ACI）は、Azureでコンテナーを簡単に実行できるサービスです。WindowsまたはLinuxのコンテナーを数秒で開始できます。このサービスを使用するにあたって、仮想マシンの作成や専門的な知識は不要です。

Azure Kubernetes Service とは

Azure Kubernetes Service（AKS）は、Kubernetes（クーバネティス）でコンテナーのデプロイと管理を行うサービスです。Kubernetesは、もともとGoogleが開発したオープンソースのソフトウェアで、複数のコンテナーのデプロイ、自動スケーリング、アップグレード、監視を効率良く行うことができます。

AKSのインフラストラクチャ

AKSは、マスターとノードから構成されます。マスターは、Kubernetesの管理サーバーです。マスターは、たとえば、APIを公開するAPI Serverや構成情報を格納するetcdなどのいくつかのコンポーネントで構成されます。一方、ノードは、コンテナーを実行するサーバー(仮想マシン)です。ノード内で、コンテナーはグループ化され、「Pod」という単位で管理されます。

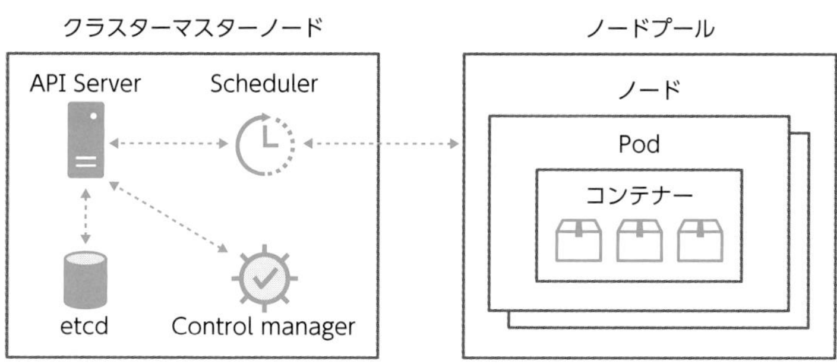

図 4.4-1 AKSのアーキテクチャ

POINT!

1つのコンテナーを簡単に実行したい場合はACIを使用し、複数のコンテナーを効率的に実行、管理したい場合はAKSを使用する。

AKSでコンテナーを実行する

AKSによるコンテナーの実行手順は、以下のとおりです。

❶ **Kubernetesクラスターを作成する**

Azureポータルまたはaz aksコマンドを使用し、Kubernetesのインフラであるマスターとノードで構成されたKubernetesクラスターを作成します。作成時には、ノードのサイズと数を指定したり、**自動的なスケール(オートス**

ケール）を構成したりすることができます。

Microsoft Azure　リソース、サービス、ドキュメントの検索 (G+/)

ホーム > Kubernetes サービス >

Kubernetes クラスターを作成

クラスターの詳細

Kubernetes クラスター名 *　k8s20210407

地域 *　(Asia Pacific) 東日本

可用性ゾーン　ゾーン 1,2,3

Kubernetes バージョン *　1.18.14 (既定)

プライマリ ノード プール

クラスター内のプライマリ ノード プールのノードの数とサイズ。運用ワークロードでは、回復性を維持するために最低 3 つのノードを使用することをお勧めします。開発またはテスト ワークロードでは、1 つのノードのみが必須です。ノード プールを追加するか、このノード プールの追加の構成オプションを表示する場合、上の [ノード プール] タブに移動します。クラスターの作成後にノード プールを追加できます。 Azure Kubernetes Service のノード プールの詳細を表示します

ノード サイズ *　Standard DS2 v2　サイズを変更します

ノード数 *　3

確認および作成　< 前へ　次: ノード プール >

図 4.4-2　Kubernetes クラスターの作成

❷ Kubectl コマンドをインストールする

Kubernetes クラスターの制御には、Azure ポータルではなく、Kubernetes のコマンドラインプログラムである kubectl（クーベコントロール）を使用します。**ローカルコンピューターに kubectl をインストールするには、Install-AzAksKubectl コマンドレット（PowerShell の場合）または az aks install-cli コマンド（Azure CLI の場合）を実行します。**

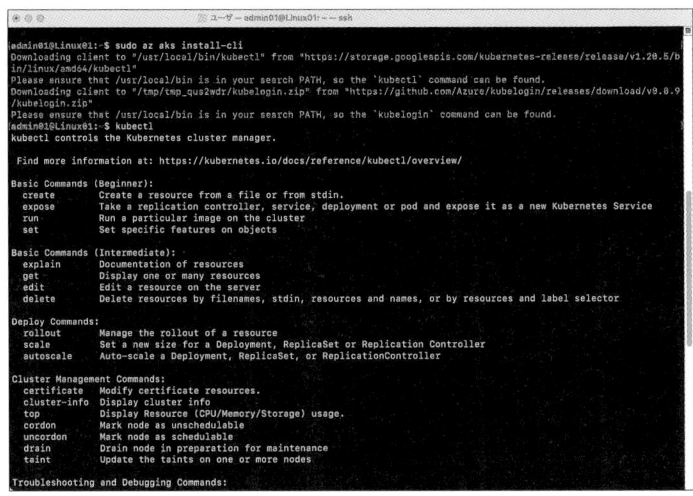

図 4.4-3　az aks install-cli コマンドの実行

❸ マニフェストファイルを作成する

マニフェストファイルは、使用するコンテナーイメージや実行するPodの数などを指定したYAML形式のテキストファイルです。Podをデプロイするには、マニフェストファイルが必須です。図4.4-4に、WebサーバーであるNginxのコンテナーを含む2つのPodとロードバランサーをデプロイするマニフェストファイルの例を示します。

```
apiVersion: apps/v1
kind: Deployment
metadata:
  name: nginx
spec:
  selector:
    matchLabels:
      app: nginx
  replicas: 2
  template:
    metadata:
      labels:
        app: nginx
    spec:
      containers:
      - name: nginx5
        image: reg123456789jp.azurecr.io/nginx:v1
        ports:
        - containerPort: 80
---
apiVersion: v1
kind: Service
metadata:
  name: nginx
spec:
  type: LoadBalancer
  ports:
  - port: 80
  selector:
    app: nginx
```

図4.4-4　マニフェストファイルの例

④ Pod をデプロイする

kubectl apply コマンドを使用して、Pod をデプロイします。書式は次のとおりです。

```
kubectl apply -f <マニフェストファイル名>
```

Azure Container Registry とは

コンテナーをデプロイするには、コンテナーのひな形となるコンテナーイメージが必要です。このコンテナーイメージの保管と管理を行うサービスを「コンテナーレジストリ」と呼びます。コンテナーレジストリとしては、Docker 社が提供する Docker Hub が有名ですが、Azure にも、コンテナーレジストリとして、Azure Container Registry（ACR）が用意されています。ACR は、Docker Hub と互換性があるので、標準の docker コマンドで操作できます。たとえば、**ローカルコンピューターのコンテナーイメージを ACR へアップロードするには、docker push コマンドを実行します。** ACR にアップロードしたコンテナーイメージは、ACI と AKS の両方で簡単に利用できます。

```
— -zsh — 120×39
~ % sudo docker login myregistry20210727.azurecr.io
Username: myregistry20210727
Password:
Login Succeeded
~ % sudo docker push myregistry20210727.azurecr.io/nginx:v1
The push refers to repository [myregistry20210727.azurecr.io/nginx]
e3135447ca3e: Pushed
b85734705991: Pushed
988d9a3509bb: Pushed
59b01b87c9e7: Pushed
7c0b223167b9: Pushed
814bff734324: Pushed
v1: digest: sha256:3f13b4376446cf92b0cb9a5c46ba75d57c41f627c4edb8b635fa47386ea29e20 size: 1570
~ %
```

図 4.4-5　Azure Container Registry へのコンテナーイメージのアップロード

4.5 Azure App Service アプリのデプロイと構成

Azure App Service とは

Azure App Service は、Web アプリやモバイルアプリをホスティングするサービス群です。App Service は、仮想マシンに代表される IaaS（Infrastructure as a Service）環境ではなく、PaaS（Platform as a Service）環境であるため、ホスティングしたアプリケーションの負荷分散、自動スケーリング、セキュリティなどの管理作業は Microsoft Azure が対応してくれます。したがって、開発者はアプリケーションの開発に専念できます。

Azure App Service の代表的なサービスの 1 つが Azure Web Apps です。Azure Web Apps は、Web サイトや Web アプリをホスティングします。

Web Apps

・Web アプリの
デプロイと実行

Web App
for Containers

・コンテナー化された
Web アプリの
デプロイと実行

API Apps

・簡単な操作による
API の作成と利用

図 4.5-1　Azure App Service

App Service プランとは

Azure App Service で Web アプリをホスティングするには、まず、App Service プランを作成します。 App Service プランとは、Web アプリが実行される環境のことをいいます。イメージしづらい場合は、「Web アプリを実行するサーバー」と考えてください。App Service プランの作成では、OS の種類（Windows または Linux）や SKU を指定します。SKU は、Stock Keeping Unit の略で、価格オプションのことです。SKU の種類には、Free（無料）、Shared（共有）、Basic、Standard、Premium、Isolated があり、この順番で、より高機能かつ、より高価となります。なお、**App Service プランとそこで実行される Web アプリは、同じリージョンである必要があります。**

App Service の料金

App Service の料金は App Service プランの SKU と数にもとづくため、パフォーマンスの許す限り、**1 つの App Service プランで複数の Web アプリを実行すれば、コストを削減できます。実行可能な Web アプリ数は、Free は 10 個まで、Shared は 100 個まで、Basic 以上の SKU は無制限です。このとき、各アプリが使用するランタイムは異なっていても構いません。**たとえば、PHP のアプリと .NET のアプリを 1 つの App Service プランで実行することもできます。ただし、App Service プランで選択した OS により、実行できる Web アプリのランタイムは異なります。例を挙げると、**.NET Core や Python、PHP の Web アプリは、Windows の App Service プランと Linux の App Service プランのどちらでも実行できます。しかし、ASP.NET の Web アプリは、Windows の App Service プランでのみ実行でき、Ruby の Web アプリは、Linux の App Service プランでのみ実行できます。**

POINT!

1 つの App Service プランで複数の Web アプリを実行できる。ただし、App Service プランで選択した OS により、実行できる Web アプリのランタイムは異なる。

App Service にカスタムドメイン名を追加する

App Service の Web アプリには既定で「<Web アプリ名 >.azurewebsites.net」というドメイン名が用意されていますが、独自のドメイン名（カスタムドメイン名）を追加することも可能です。カスタムドメイン名の追加は Azure AD と同様にドメインの所有権を検証した上で行います。**ドメインの所有権の検証では、指示された TXT レコードと A レコード、または TXT レコードと CNAME レコードをドメインに作成します。**

デプロイスロットとは

デプロイスロットは、App Service の便利な機能の 1 つであり、単一の Web アプリの複数のバージョンを同時にホスティングします。デプロイスロットを使用することで、一般ユーザーには現在のバージョンを公開しつつ、テストユーザーには新しいバージョンを公開することができます。新しいバージョンをテストした結果、問題がなければ、スワップ操作により、ダウンタイムなしでこの 2 つのバージョンを切り替えて、一般ユーザーに新しいバージョンを素早く提供できます。もし、新しいバージョンに問題が発見されたら、**もう一度スワップ操作を行うことで、ダウンタイムなしで元のバージョンに素早く戻すことも可能です。**なお、デプロイスロットは、SKU が Standard 以上の App Service プランで使用できます。

図 4.5-2　Azure App Service のデプロイスロット

> **POINT!**
>
> App Service でデプロイスロット機能が使えない場合は、App Service プランの SKU を Standard 以上にスケールアップする必要がある。

章末問題

Q1 あなたは、5 つの Web アプリを作成する予定です。5 つの Web アプリは、それぞれ、.NET Core、ASP.NET、PHP、Ruby、Python のランタイムで実行されます。コストを最小限に抑えるために、最適な App Service プラン数を選択してください。

A. 1
B. 2
C. 4
D. 5

解説

1 つの App Service プランで、ランタイムが異なる複数の Web アプリを実行することができますが、Ruby は Linux の App Service プランでのみ動作し、ASP.NET は Windows の App Service プランでのみ動作するため、少なくとも 2 つ（Linux と Windows）の App Service プランが必要です。よって、B が正解です。

［答］B

Q2 あなたは、App Service プラン Plan1 と Web アプリ webapp1 を作成しましたが、webapp1 にデプロイスロットを作成するオプションがないことに気付きました。デプロイスロットを作成するには、何をすべきですか？

A. Plan1 をスケールアップする
B. Plan1 をスケールアウトする
C. webapp1 をスケールアップする
D. webapp1 をスケールアウトする

解説

Azure App Serviceのデプロイスロットを使えるかどうかは、App Serviceプランの SKU により決まります。SKU が Free、Shared、Basic の場合、デプロイスロットは使用できません。使用できるのは SKU が Standard 以上の場合のみです。よって、デプロイスロットを使用できない App Service プランの場合は、その SKU を Standard 以上にスケールアップする必要があるので、A が正解です。

[答] A

Q3 あなたは、可用性セットを利用した仮想マシンのグループを作成する予定です。20 台の仮想マシンを作成し、これらの仮想マシンは、できる限り、計画メンテナンスやハードウェア障害の影響を受けないようにする必要があります。この可用性セットにおける適切な障害ドメインと更新ドメインを 1 つ選択してください。

A. 障害ドメイン = 3、更新ドメイン = 20
B. 障害ドメイン = 20、更新ドメイン = 3
C. 障害ドメイン = 3、更新ドメイン = 3
D. 障害ドメイン = 20、更新ドメイン = 20

解説

可用性セットを使用して、複数の仮想マシンを異なるサーバーラック、かつ異なるホストサーバーに分散配置することは、サーバーラックやホストサーバーの故障、ホストサーバーの計画メンテナンスにより不意に停止する仮想マシン数を減らすために、重要な設計です。可用性セットでは、仮想マシンを配置するサーバーラックの数を障害ドメインとして指定し、仮想マシンを配置するホストサーバーの数を更新ドメインとして指定します。なお、障害ドメインの最大値は 3、更新ドメインの最大値は 20 です。よって、A が正解です。

[答] A

Q4 あなたは、ARM テンプレートを使用してデプロイした仮想マシンが計画メンテナンスの影響を受ける旨の通知を受け取りました。何をすべきですか？

A. 仮想マシンの［概要］ブレードから［移動］をクリックする
B. 仮想マシンの［再デプロイ］ブレードから［再デプロイ］をクリックする
C. 仮想マシンの［ディザスターリカバリー］ブレードから［レプリケーションを確認して開始する］をクリックする
D. 仮想マシンの［実行コマンド］ブレードから［RunShellScript］をクリックする

解説

計画メンテナンスなどにより仮想マシンが停止する旨の通知を受けた場合、再デプロイを事前に行うことを検討します。再デプロイとは、仮想マシンを現在のホストサーバーから別のホストサーバーへ移動する操作のことです。再デプロイにより、仮想マシンは最新（メンテナンス済み）のホストサーバーへ移動するため、さらなる移動は不要となります。ただし、再デプロイにもダウンタイムはあるので、業務に影響を及ぼさない時間帯に行うようにします。よって、B が正解です。

［答］B

Q5 あなたは、ARM テンプレートを使用して仮想マシンをデプロイする予定です。ただし、ARM テンプレートには仮想マシンの管理者パスワードを保存したくありません。管理者パスワードを保存するためのソリューションとして、適切なものを 1 つ選択してください。

A. Azure Key Vault
B. Azure Storage
C. Azure Recovery Services コンテナー
D. Azure SQL データベース

解説

ARM テンプレート内に管理者パスワードなどの機密情報を保存すると、万が一、ARM テンプレートが漏洩した場合に、機密情報も一緒に漏洩してしまいます。このようなセキュリティリスクを未然に防ぐには、Azure Key Vault に機密情報を保存し、それを ARM テンプレートから呼び出せるように構成します。そうすれば、ARM テンプレートが漏洩しても、機密情報は漏洩しません。よって、A が正解です。

[答] A

Q6 あなたは、ARM テンプレートで仮想マシンスケールセットをデプロイする予定です。仮想マシンには、最新の Web サーバーコンポーネントを自動的にインストールする必要があります。何をすべきですか？2 つ選択してください。

A. 仮想マシンのベースイメージに autoexec.bat を設定する
B. 仮想マシンのベースイメージに Web サーバーコンポーネントをインストールする
C. スクリプトをアップロードする
D. ARM テンプレートの extensions リソースを記述する
E. ARM テンプレートの extensionProfile 属性を記述する

解説

Windows または Linux の仮想マシンにアプリをインストールしたり、OS の構成を変更したりする方法の 1 つとして、PowerShell DSC 拡張機能の利用が挙げられます。PowerShell DSC 拡張機能は、PowerShell DSC 構成（スクリプト）による構成管理を実現します。ARM テンプレートで PowerShell DSC を使用するには、まず、PowerShell DSC 構成を Azure Storage などのクラウドストレージへアップロードしておき、ARM テンプレートからそれを呼び出します。なお、ARM テンプレート内の定義方法は、仮想マシンと仮想マシンスケールセットで異なっています。仮想マシンでは PowerShell DSC を独立したリソースとして定義しますが、仮想マシンスケールセットでは、仮想マシンスケールセットのリソースの extensionProfile 属性として定義します。よって、C と E が正解です。

[答] C、E

Q7 あなたは、Azure Kubernetes Service (AKS) を管理する予定です。まず、ローカルコンピューターで Azure CLI をインストールしました。次に、Kubectl をインストールするつもりです。どのコマンドを実行すべきですか？

A. Install-Module aks
B. az aks install-cli
C. docker pull install-cli
D. msiexe.exe cli.install-cli.msi

解説

Azure Kubernetes Service（AKS）は、Kubectl で操作します。ローカルコンピューターで Azure CLI を使用し、Kubectl をインストールするには、az aks install-cli コマンドを実行します。よって、B が正解です。

［答］ B

Q8 以下の図は、仮想マシンのディスクを作成する ARM テンプレートの例です。このテンプレートを実行した場合、実際にディスクが作成される場所 (リージョン) はどこですか？

```
{
    "$schema": "https://schema.management.azure.com/schemas/2019-04-01/
deploymentTemplate.json#",
    "contentVersion": "1.0.0.0",
    "parameters": {
        "disk_name": {
            "type": "String"
        },
        "disk_location": {
            "type": "string",
            "defaultValue": "eastasia",
            "allowedValues": [
              "japaneast",
              "japanwest",
```

```
            "eastasia",
            "southeastasia"]
        }
    },
    "variables": {
        "disk_location": "japaneast",
        "disk_sku": {
            "name": "Premium_LRS"
        }
    },
    "resources": [
        {
            "apiVersion": "2017-03-30",
            "type": "Microsoft.Compute/disks",
            "name": "[parameters('disk_name')]",
            "location": "[variables('disk_location')]",
            "sku": "[variables('disk_sku')]",
            "properties": {
                "osType": "Windows",
                "creationData": {"createOption": "Empty"},
                "diskSizeGB": "100"
            }
        }
    ]
}
```

A. japaneast
B. japanwest
C. eastasia
D. southeastasia

解説

ARMテンプレートのResourcesセクションを確認すると、ディスクの場所(location)にVariablesセクションの変数(disk_location)が指定されています。Variablesセクションの変数(disk_location)にはjapaneastが設定されています。よって、Aが正解です。

[答] A

Q9 あなたは、Azure App Service の Web アプリ webapp1 にカスタム DNS 名 www.contoso.com を割り当てる予定です。適切な方法を 1 つ選択してください。

A. 証明書をアップロードする
B. スロットを追加する
C. Web ジョブを追加する
D. DNS レコードを作成する

解説

Azure App Service にカスタム DNS 名を割り当てるには、TXT レコードと A レコードまたは CNAME レコードをマップする必要があります。よって、D が正解です。

［答］D

Q10 あなたは、Azure App Service で Web アプリ App1 をデプロイしました。Web アプリには 2 つのデプロイスロットがあり、それらを運用バージョンと開発バージョンで使用しています。開発バージョンを公開したところ、セキュリティの問題が発生しました。以前のバージョンに素早く戻すために行うべき作業を 1 つ選択してください。

A. App1 を再配置する
B. App1 のスロットをスワップする
C. App1 を複製する
D. スナップショットから App1 を復元する

解説

Azure App Service のプランが Standard 以上の場合、複数のアプリ環境を「スロット」として作成し、環境を切り替えることが可能です。この切り替え作業を「スワップ」と呼びます。スワップでは既存の環境と新しい環境を瞬時に切り替えることができるので、ダウンタイムなしでアプリのバージョンアップが可能です。また、新しい環境に問題があった場合、もう一度スワップし直すことで、古い環境へロールバックすることもできます。よって、Bが正解です。

［答］B

Q11 あなたは、業務時間内に仮想マシン VM1 の構成を変更するため、VM1 のダウンタイムを調査しています。VM1 の構成変更時にダウンタイムが発生するものを 1 つ選択してください。

A. ディスクを追加する
B. 仮想マシンのサイズを変更する
C. PowerShell DSC（Desired State Configuration）拡張機能を有効にする
D. Puppet Agent 拡張機能を有効にする

解説

仮想マシンの構成変更は、多くの場合、ダウンタイムなしで行えますが、サイズの変更については、仮想マシンの再起動が必要となりダウンタイムが発生します。よって、Bが正解です。

［答］B

Q12 あなたは、Azure Container Registry（ACR）のコンテナーイメージを Azure Container Instances（ACI）で使用する予定です。Azure Container Registry（ACR）インスタンスを作成し、ローカルコンピューターでコンテナーイメージを開発しました。次に実行するコマンドを 1 つ選択してください。

A. docker push
B. az acr build
C. az container
D. az aks create

解説

ACR インスタンスへコンテナーイメージをアップロードすれば、そのイメージを

ACI や AKS で利用することができます。ACR は docker コマンドをサポートしているため、docker push でアップロード可能です。よって、A が正解です。

［答］A

第5章

仮想ネットワークの構成と管理

Microsoft Azure のネットワークコンポーネントには、ネットワーク回線、負荷分散装置、ファイアウォールなど、物理ネットワークと同様のものが用意されています。そのため、物理ネットワークと同じように設計し、構築することが可能です。

5.1 仮想ネットワークの実装と管理

仮想ネットワークとは

仮想ネットワークは、Microsoft Azure 上で構築するネットワーク回線です。仮想ネットワークに仮想マシンや Azure SQL Database などの Azure リソースを接続することで、お互いにアクセスできるようになります。

仮想ネットワーク内には、サブネットを作成します。サブネットは、仮想ネットワークを分割して個別に管理するためのものであり、実際には、Azure リソースは、このサブネットに配置します。なお、個別の管理を必要としない場合は、仮想ネットワーク内に 1 つだけサブネットを作成します。

仮想ネットワークとサブネットは、それぞれ IP アドレス範囲を持っており、仮想ネットワークの IP アドレス範囲の一部をサブネットの IP アドレス範囲で切り出して使用します。後述しますが、仮想マシンの IP アドレスは、このサブネットの IP アドレス範囲から割り当てられます。

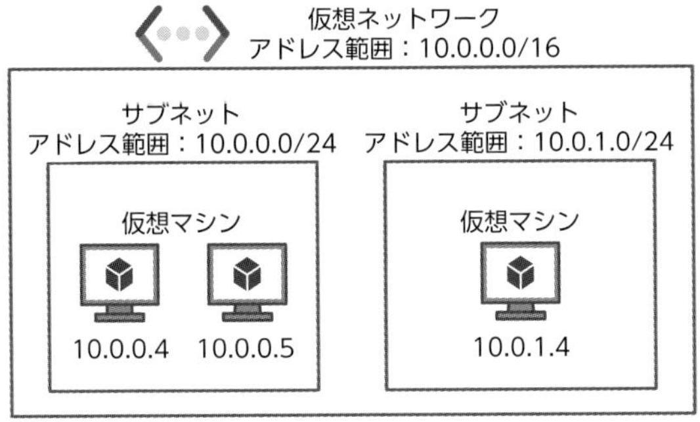

図 5.1-1　仮想ネットワークとサブネット

仮想ネットワークを作成する

Azure ポータルの［仮想ネットワーク］メニューから、1つ以上のサブネットを含む仮想ネットワークを作成します。仮想ネットワークの作成後に、サブネットを追加することもできます。

図 5.1-2　仮想ネットワークの作成

仮想ネットワークに仮想マシンを接続する

仮想マシンを作成すると、自動的にリソースとしてネットワークインターフェイスも作成されます。このネットワークインターフェイスは、仮想ネットワークのサブネットに接続され、IP アドレスを管理します。なお、Microsoft Azure では、仮想マシンのゲスト OS（Windows や Linux）で IP アドレスを直接設定することは禁止されています。必要な IP アドレスはすべて、Microsoft Azure が標準で用意する（目に見えない）DHCP サーバーから取得します。ネットワークインターフェイスが取得する IP アドレスには、次の 2 種類があります。

パブリック IP アドレス

インターネットで使用する IP アドレスです。具体的には、インターネットから仮想マシンへのアクセスで用いられます。パブリック IP アドレスの値には、各 Azure リージョンが確保済みの IP アドレス範囲からランダムなものが割り当てられます。パブリック IP アドレスはオプションなので、インターネットからのアクセスが不要な場合は、パブリック IP アドレスを無効にすることでセキュリティを強化できます。

プライベート IP アドレス

仮想ネットワーク内で使用する IP アドレスであり、たとえば、仮想マシン同士のアクセスで用いられます。プライベート IP アドレスの値には、サブネットの IP アドレス範囲から未使用のものが割り当てられます。パブリック IP アドレスとは異なり、プライベート IP アドレスの取得は必須です。

IP アドレスの割り当て方法を選択する

仮想マシンでは、**1 つのネットワークインターフェイスにパブリック IP アドレスとプライベート IP アドレスの両方を割り当てることができ**、以下の割り当て方法を選択できます。

パブリック IP アドレスの割り当て方法

パブリック IP アドレスの既定の割り当て方法は動的です。具体的には、仮想マシンを開始した際に、各 Azure リージョンが確保している IP アドレス範囲からランダムな IP アドレスが割り当てられます。仮想マシンを停止し、再び開始すると、別のランダムな IP アドレスが割り当てられます。つまり、停止・再開により、IP アドレスが変更されます。

オプションでパブリック IP アドレスの割り当て方法を静的にすることもできます。静的なパブリック IP アドレスでは、仮想マシンを停止、再開しても、最初に取得したランダムな IP アドレスを変更せずに使用し続けます。

プライベート IP アドレスの割り当て方法

プライベート IP アドレスの既定の割り当て方法は動的です。この方法では、仮想マシンを開始した際に、サブネットの IP アドレス範囲から未使用の IP アドレスが割り当てられます。ただし、仮想マシンを停止、再開しても、IP アドレスは変更されません。つまり、最初に取得した IP アドレスを使用し続けます。

プライベート IP アドレスの割り当て方法を静的にすることもできます。静的なプライベート IP アドレスでは、サブネットのアドレス範囲から任意の IP アドレスをユーザーが指定できます。仮想マシンを停止、再開しても、IP アドレスは変更されません。

仮想マシンの IP アドレスのまとめ

パブリック IP アドレスとプライベート IP アドレスでは、動的と静的の意味が大きく異なります。仮想マシンの IP アドレスを整理すると、表 5.1-1 のようになります。

表 5.1-1　仮想マシンの IP アドレスのまとめ

割り当て ＼ IP アドレス	動的	静的
パブリック IP アドレス	ランダムな IP アドレスが割り当てられる。仮想マシンを停止、再開すると、IP アドレスが変わる	ランダムな IP アドレスが割り当てられる。仮想マシンを停止、再開しても、IP アドレスは変わらない
プライベート IP アドレス	サブネットの IP アドレス範囲内にある未使用の IP アドレスが割り当てられる。仮想マシンを停止、再開しても、IP アドレスは変わらない	サブネットの IP アドレス範囲内にある任意の IP アドレスを割り当てることができる。仮想マシンを停止、再開しても、IP アドレスは変わらない

IP アドレスを再利用する

同じ用途の仮想マシンを作り直す場合などに、取得済みのプライベート IP アドレスとパブリック IP アドレスが再利用できるよう、これらの IP アドレスは、仮想マシンとは別のリソースで管理されています。

プライベート IP アドレスは、ネットワークインターフェイスのリソースに割り当てられます。また、パブリック IP アドレスは、パブリック IP アドレスのリソースに割り当てられます。そのため、仮想マシンを作り直す場合にも、これらのリソースを残して、仮想マシンを削除し、新しい仮想マシンで当該リソースを再利用すれば、同じ IP アドレスが使用できます。

このように、ネットワークインターフェイスとパブリック IP アドレスのリソースには、仮想ネットワーク（サブネット）固有の IP アドレスが割り当てられているため、**これらのリソースを別のリージョンへ移動することはできません（別のリソースグループへ移動することはできます）。**

Web アプリを仮想ネットワークに接続する

Microsoft Azure の PaaS サービスである Azure App Service は、通常、インターネットに Web アプリをホストします。ただし、オプションの VNet 統合を利用することで、仮想ネットワークと連携することも可能です。VNet 統合により、たとえば Web アプリから、仮想ネットワーク内の仮想マシンで実行中のデータベースにアクセスすることができます。VNet 統合には、以下の 2 つの種類があります。

- Web アプリをインターネットにはホストせず、仮想ネットワークのみにホストする
- **Web アプリをインターネットにホストした上で、仮想ネットワークにも接続する**

仮想ネットワーク同士を接続する

Microsoft Azure では、複数の仮想ネットワークを作成することができます。ただし、作成された仮想ネットワークはそれぞれ独立しているため、異なる仮想ネットワークの仮想マシン間はお互いアクセスすることはできません。

もし、異なる仮想ネットワークの仮想マシン間でアクセスが必要となった場合は、「仮想ネットワークピアリング（ピアリング接続）」を構成します。仮想ネットワークピアリングは、仮想ネットワーク同士を接続する最も簡単な方法です。

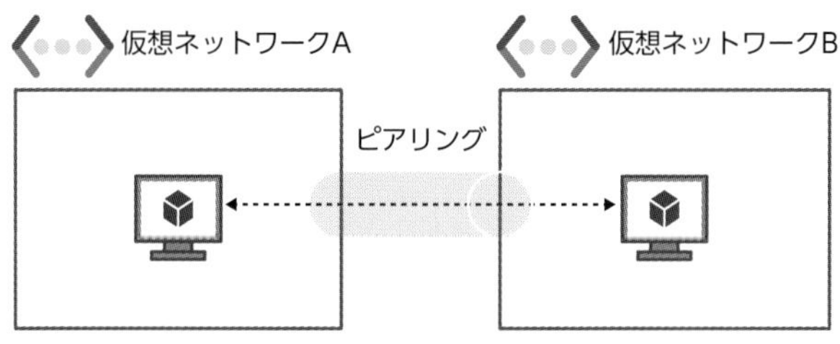

図 5.1-3　仮想ネットワークピアリング

仮想ネットワークピアリングを構成する

Azure ポータルの仮想ネットワークの［ピアリング］メニューより、ピアリング接続を追加できます。従来、ピアリング接続の追加は、接続するそれぞれの仮想ネッ

トワークで行う必要がありましたが、現在の Azure ポータルは便利になっており、片側のピアリング接続を追加すると、対向する仮想ネットワークのピアリング接続が自動的に追加されるようになっています。ただし、**片側のピアリング接続を手動で削除してしまうと、相互のアクセスはできなくなります。もう一度、ピアリングを有効にするには、残っているピアリング接続を削除し、ピアリング接続を再作成する必要があります。**

仮想ネットワークピアリングの注意点

仮想ネットワークピアリングを構成する際に知っておくべき注意点を以下に紹介します。

- 同じリージョンまたは異なるリージョンの仮想ネットワークを接続できる
- 同じテナントまたは異なるテナントの仮想ネットワークを接続できる
- **アドレス空間が重複している仮想ネットワーク同士は接続できない**
- ピアリングした後、仮想ネットワークのアドレス空間は変更できない。**どうしても変更が必要な場合は、一度、ピアリングを解除した上で、アドレス空間を変更し、もう一度、ピアリングし直す必要がある**

POINT!

仮想ネットワークピアリングの注意点の 1 つ、すなわち仮想ネットワークのアドレス空間については、「同じ」ではなく「重複」であることに留意する。たとえば、アドレス空間「20.11.0.0/16」と「20.11.0.0/17」の仮想ネットワークは同じではないが、重複しているのでピアリング接続を確立することはできない。

ピアリングは推移しない

仮想ネットワーク A、B、C において、A と B をピアリング接続し、また B と C をピアリング接続したとします。この場合、仮想ネットワーク A の仮想マシンと、仮想ネットワーク C の仮想マシンは、お互いに通信できるでしょうか？ 答えは NO です。ピアリングでは、直接ピアリングした仮想ネットワーク内の仮想マシンのみ、お互いに通信できます。これを、「ピアリングは推移しない」と呼んでいます。仮想ネットワーク A と C の仮想マシンがお互いに通信するには、別途、仮想ネットワーク A と仮想ネットワーク C をピアリング接続する必要があります。

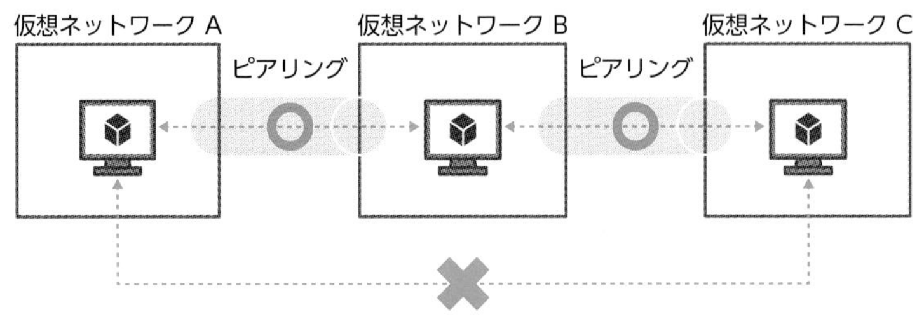

図 5.1-4　ピアリングは推移しない

仮想ネットワークのルーティングを構成する

コンピューターは通信を開始する際、宛先コンピューターの IP アドレスをもとにルートを選択します。このルートの選択には、「ルートテーブル」と呼ばれる情報が用いられますが、これは Microsoft Azure の仮想ネットワークでも同じです。

仮想ネットワークではサブネットごとにルートテーブルを保有しており、サブネット内の仮想マシンがそれを参照します。ルートテーブルは Microsoft Azure によって管理されるため、ユーザーは自分で管理する必要はありませんが、どうしてもルートテーブルをカスタマイズしたい場合は、ユーザー定義ルートを作成します。たとえば、仮想ネットワーク内の通信をファイアウォールで検査したい場合には、ユーザー定義ルートですべての通信をファイアウォールへ転送します。

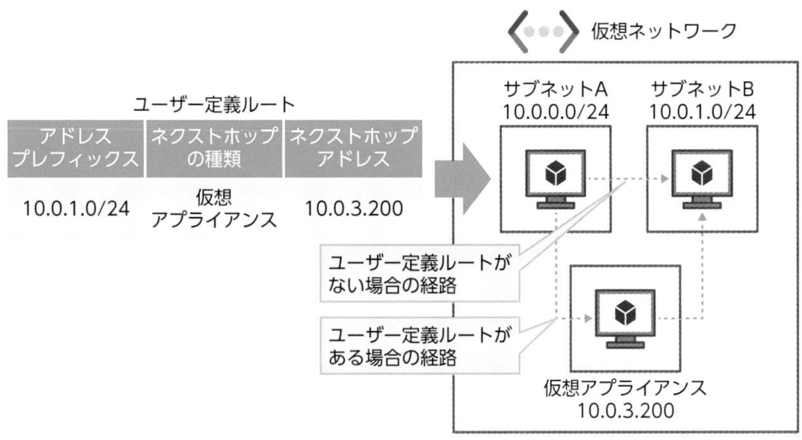

図 5.1-5 ルートテーブルによる仮想ネットワークのルーティング

表 5.1-2 ユーザー定義ルートのパラメーター

パラメーター	説明
ルート名	ユーザー定義ルートの名前
アドレスプレフィックス	このルートが適用される宛先の IP アドレス範囲
ネクストホップの種類	このルートに一致するパケットの転送先の種類。「仮想ネットワーク」、「インターネット」、「仮想ネットワークゲートウェイ」、「仮想ネットワークアプライアンス」、「なし」から選択可能
ネクストホップアドレス	(ネクストホップの種類で、仮想ネットワークアプライアンスを選択した場合のみ) 仮想ネットワークアプライアンスの IP アドレス

5.2 名前解決の構成

名前解決とは

名前解決とは、ホスト名をIPアドレスに変換することをいいます。たとえば、「www.microsoft.com」を「23.210.232.231」に変換します。名前解決を行うには、名前解決サービスであるDNS（Domain Name System）が必要です。DNSは、外部向けと内部向けの2か所で使用されます。

外部向けDNS

インターネットの名前解決を行うDNSです。自分でドメイン（ドメイン名）を購入してサービスをホスティングする場合、外部向けDNSを用意し、インターネットの利用者が自分のドメインのサービスにホスト名でアクセスできるようにします。

内部向けDNS

組織内ネットワークの名前解決を行うDNSです。内部向けDNSにより、組織内のコンピューターがホスト名でお互いにアクセスできるようにします。

Azure DNSとは

Azure DNSは、マネージドなDNSサービスです。「マネージド」とは、運用や保守をユーザーではなく、Azure側が行うという意味です。以前、Azure DNSは、外部向けDNSサービスでしたが、現在は外部向けと内部向けの両方を提供しています。

Azure DNSを外部向けDNSとして使用する

Azure DNSをインターネットからの名前解決を提供する外部向けDNSとして使用するには、以下の4つの手順を実行します。

❶ DNSドメイン名を購入する

DNSドメイン名を購入します。ドメイン名は、未使用であれば「contoso.com」や「contoso.co.jp」など任意のものが購入可能です。ただし、Microsoft Azure自身ではドメイン名の販売は行っていないため、別途、サードパーティのドメイン名レジストラーからドメイン名を購入する必要があります。

❷ DNSゾーンを作成する

Azure DNSでは、外部DNS用のDNSゾーンと内部DNS用のプライベートDNSゾーンの2種類を作成できますが、ここでは外部DNS用のDNSゾーンを作成します。

❸ 親ドメインにDNSゾーンを委任する

DNSゾーンを作成すると、Azureポータルに4つのネームサーバー（NS）レコードが表示されます。**これらのNSレコードを親ドメインに登録します。**親ドメインへの登録は、ドメイン名を購入したドメイン名レジストラーで行います。これを「委任」といいます。**委任を行わなければ、インターネットの利用者からの名前解決は失敗します。**

図 5.2-1　DNS ゾーンの NS レコード

❹ レコードセットを作成する

「www」などの必要な DNS レコードをレコードセットとして作成します。Azure DNS では、表 5.2-1 の DNS レコードが作成可能です。また、Azure DNS には、再起動により変更される仮想マシンのパブリック IP アドレスを動的に登録する便利な機能もあります。

表 5.2-1　作成可能な DNS レコード

DNS レコード	説明
A	ドメイン名に対応する IPv4 アドレスを指定する
AAAA	ドメイン名に対応する IPv6 アドレスを指定する
CAA	証明局を指定する
CNAME	正式名に対応する別名を指定する
MX	メールサーバーを指定する
NS	ゾーンの権限を持つ DNS サーバーを指定する
SRV	特定のサービスを提供するホストを指定する
TXT	任意の文字列を記録する
PTR	IP アドレスに対応するドメイン名を指定する

仮想ネットワークの名前解決を選択する

仮想マシンなど仮想ネットワーク内のリソースの名前解決を実現するには、内部向けDNSが必要です。仮想ネットワークでは、以下の内部向けDNSを使用できます。

Azure提供DNS

仮想ネットワークの既定のDNSサービスであり、無料で利用できます。また、設定も不要です。<仮想マシン名>による順引きと、**<仮想マシン名>.internal.cloudapp.netによる逆引きが可能です。**Azure提供DNSは手軽ですが、任意のレコードを追加できない、名前解決の範囲が単一の仮想ネットワークに限定されるなどの制約があります。

独自のDNSサーバー

仮想マシンにBINDやWindows DNSなどのDNSアプリをインストールし、DNSサーバーとして運用します。自由にカスタマイズでき、**ピアリング接続により、複数の仮想ネットワークでも利用できます。**ただし、可用性、スケーリング、セキュリティなどの運用管理は、ユーザー側で行わなければなりません。

Azure DNS

Azure DNSは内部向けDNSとして使用できます。自由にカスタマイズができ、複数の仮想ネットワークで利用可能です。また、運用管理はAzure側で行うマネージドサービスであるため、管理負荷が低いという利点もあります。現在、仮想ネットワークの名前解決では、Azure DNSが推奨されています。詳しい解説は次ページの「Azure DNSを内部向けDNSとして使用する」を参照してください。

仮想ネットワークの名前解決を構成する

仮想ネットワークまたはネットワークインターフェイスの［DNSサーバー］ブレードで名前解決を設定することができます。既定はAzure提供DNSで、独自のDNSサーバーを使用する場合は、そのDNSサーバーのIPアドレスを指定します。**仮想ネットワークとネットワークインターフェイスの両方にDNSサーバーの設定**

を行った場合、ネットワークインターフェイスが優先されます。なお、Azure DNS を使用する場合は、ここでは設定せず、別途、Azure DNS 側で設定します。

図 5.2-2　仮想ネットワークの [DNS サーバー] ブレード

Azure DNS を内部向け DNS として使用する

Azure DNS を仮想ネットワーク内の名前解決を行う内部向け DNS として使用するには、以下の 3 つの手順を実行します。

❶ **プライベート DNS ゾーンを作成する**

内部向け DNS では、Azure DNS のプライベート DNS ゾーンを作成します。

❷ **プライベート DNS ゾーンに仮想ネットワークをリンクする**

プライベート DNS ゾーンに仮想ネットワークをリンクします。リンクされた仮想ネットワークの仮想マシンは、自動的に Azure DNS による名前解決が利用可能となります。**1 つの仮想ネットワークを、複数のプライベート DNS ゾーンにリンクすることもできます。**

❸ **レコードセットを作成する**

外部向け DNS と同様に、任意のレコードを作成します。

登録仮想ネットワークと解決仮想ネットワークを構成する

プライベート DNS ゾーンに仮想ネットワークをリンクする際、[自動登録を有効にする] オプションを構成できます。**自動登録を有効にした仮想ネットワークでは、その仮想ネットワークのすべての仮想マシンのプライベート IP アドレスが、A レコードとして自動的にプライベート DNS ゾーンに登録されます。**そのため、手動で仮想マシンのレコードセットを作成しなくて済みます。このような仮想ネットワークを「登録仮想ネットワーク」と呼びます。一方、**自動登録を無効にした仮想ネットワークは、「解決仮想ネットワーク」と呼ばれ、名前解決のみを利用できます。**

なお、**1 つのプライベート DNS ゾーンにリンクする複数の仮想ネットワークのうち、登録仮想ネットワークを構成できるのは 1 つだけです（それ以外はすべて、解決仮想ネットワークになります）。**

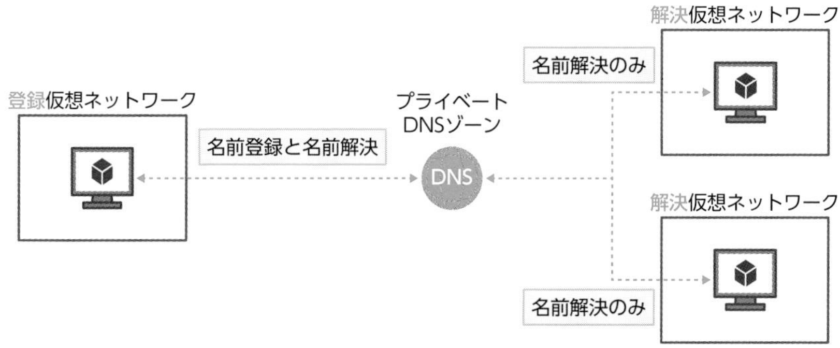

図 5.2-3　登録仮想ネットワークと解決仮想ネットワーク

POINT!

自動登録を有効にした仮想ネットワークでは、すべてのサブネットのすべての仮想マシンのプライベート IP アドレスが、A レコードとしてプライベート DNS ゾーンに登録される。なお、パブリック IP アドレスは登録されない。

オンプレミスの DNS サーバーを Azure DNS へ移行する

オンプレミスで運用している DNS サーバーを Azure DNS へ移行したい場合、オンプレミス DNS サーバーのゾーンファイル（レコードセットを含むファイル）を Azure DNS へインポートします。なお、**ゾーンファイルのインポートは Azure CLI でのみサポートされ、Azure ポータルや Azure PowerShell ではサポートされていません。**

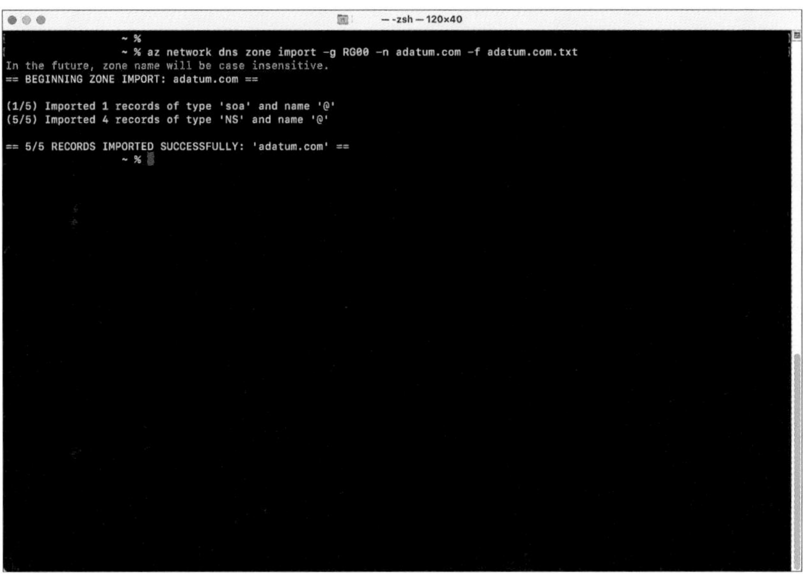

図 5.2-4　Azure CLI によるゾーンファイルのインポート

5.3 仮想ネットワークへの安全なアクセス

ネットワークセキュリティグループ（NSG）とは

ネットワークセキュリティグループ（NSG）は、仮想マシン用のシンプルで簡単なファイアウォールです。仮想マシンが送受信するパケットを制限し、ネットワーク攻撃から仮想マシンを保護します。

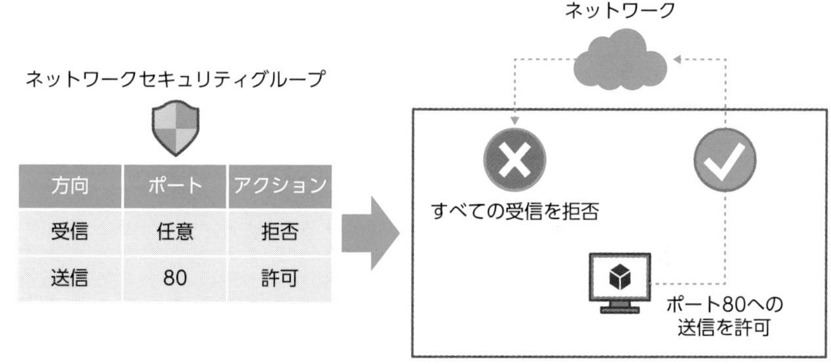

図 5.3-1　ネットワークセキュリティグループ（NSG）

NSG を構成する

仮想マシンの NSG を構成する手順は、以下のとおりです。

❶ NSG を作成する

Azure リソースとして NSG を作成し、複数の規則を構成します（規則については後述します）。

❷ NSGを割り当てる

NSGを仮想マシンのネットワークインターフェイスまたはサブネットに割り当てます。サブネットに割り当てた場合は、そのサブネットのすべての仮想マシンに割り当てられたことになります。なお、**NSGのリージョンと、割り当て先のネットワークインターフェイスまたはサブネットのリージョンは、同じである必要があります。**割り当て後、すぐにNSGは有効となります。

NSGの規則

NSGの規則により、パケットの送受信を制御します。規則には、パケットの受信を制御する「受信セキュリティ規則」と、パケットの送信を制御する「送信セキュリティ規則」があります。各規則は表5.3-1のパラメーターで構成されています。

表5.3-1　NSGの規則のパラメーター

パラメーター	説明
優先度	ルールを処理する順番。数値が小さいほど、優先度は高くなる
名前	ルールの名前
ポート	ソースのポート番号
プロトコル	使用するプロトコル。TCP、UDP、ICMP、任意から選択する
ソース	ソースのIPアドレス
宛先	宛先のIPアドレス（およびポート番号）
アクション	許可または拒否

たとえば、表5.3-2の受信セキュリティ規則は、インターネットから仮想マシンのWebサーバー(80/TCP)へのアクセスを許可します。

表5.3-2　受信セキュリティ規則

優先度	名前	ポート	プロトコル	ソース	宛先	アクション
100	web	80	tcp	任意	任意	許可

なお、NSGには既定の規則が含まれています。既定の規則は変更できませんが、優先度が低いため、優先度の高い規則で上書きすることが可能です。

既定の受信セキュリティ規則

既定の受信セキュリティ規則では、仮想ネットワークからの受信と Azure ロードバランサーからの受信のみを許可し、それ以外はすべて拒否します。

表 5.3-3 既定の受信セキュリティ規則

優先度	名前	ポート	プロトコル	ソース	宛先	アクション
65000	AllowVnetInBound	任意	任意	VirtualNetwork	VirtualNetwork	許可
65001	AllowAzureLoad BalancerInBound	任意	任意	AzureLoadBalancer	任意	許可
65500	DenyAllInBound	任意	任意	任意	任意	拒否

既定の送信セキュリティ規則

既定では、仮想ネットワークへの送信と、インターネットへの送信が許可されており、それ以外はすべて拒否します。

表 5.3-4 既定の送信セキュリティ規則

優先度	名前	ポート	プロトコル	ソース	宛先	アクション
65000	AllowVnetOutBound	任意	任意	VirtualNetwork	VirtualNetwork	許可
65001	AllowInternetOutBound	任意	任意	任意	Internet	許可
65500	DenyAllOutBound	任意	任意	任意	任意	拒否

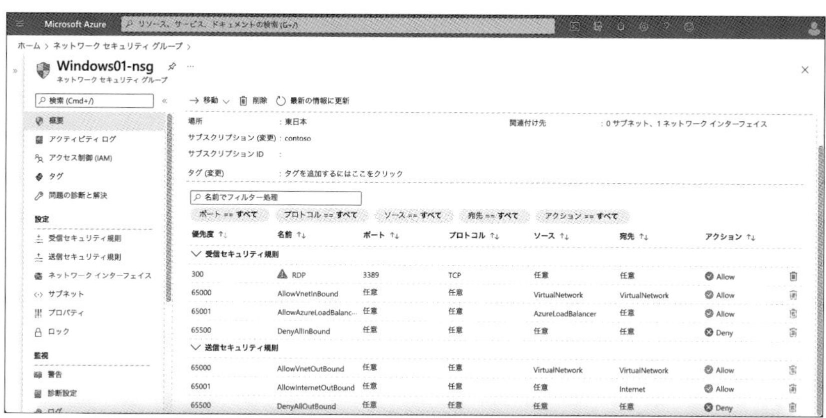

図 5.3-2 NSG の規則による RDP の許可

POINT!

NSG の既定の規則により、仮想ネットワーク内の仮想マシン同士は、たとえサブネットが異なっていても自由にアクセスできる。また、仮想マシンにパブリック IP アドレスがなくても、仮想マシンからインターネットへのアクセスはできる（インターネットから仮想マシンへのアクセスにはパブリック IP アドレスと NSG の規則が必要）。

NSG によるトラフィックの評価

NSG の規則では、優先度の高いもの（数字の小さいもの）から順番に確認され、パケットが条件（ポート、プロトコル、ソースと宛先）に一致すると、そのアクションにより許可または拒否が決定されます。パケットに一致する規則がない場合は、優先度の最も低い規則（65500）により、すべて拒否されます。

なお、NSG が仮想マシンのネットワークインターフェイスとサブネットの両方に割り当てられていると、両方の NSG がチェックされるため、独自の規則を作成したい場合は両方の NSG に同じ規則を追加する必要があります。

POINT!

NSG の規則を見ただけで、どのような通信が可能かを理解できるようにしておく。

アプリケーションセキュリティグループを使用する

アプリケーションセキュリティグループは、仮想マシンのグループで、NSG の規則で使用します。アプリケーションセキュリティグループを使用すれば、複数の仮想マシンを対象とした NSG の規則を簡単に作成でき、保守も容易です。たとえば、Web サーバーを対象とした規則を作成したい場合は、Web サーバーの仮想マシンをまとめてアプリケーションセキュリティグループに割り当てて、ソースや宛先として使用します。アプリケーションセキュリティグループを使用する手順は、次のとおりです。

❶ アプリケーションセキュリティグループを作成する

Azure リソースとしてアプリケーションセキュリティグループを作成します。

❷ 仮想マシンにアプリケーションセキュリティグループを割り当てる

仮想マシンのネットワークインターフェイスに対して、アプリケーションセキュリティグループを割り当てます。

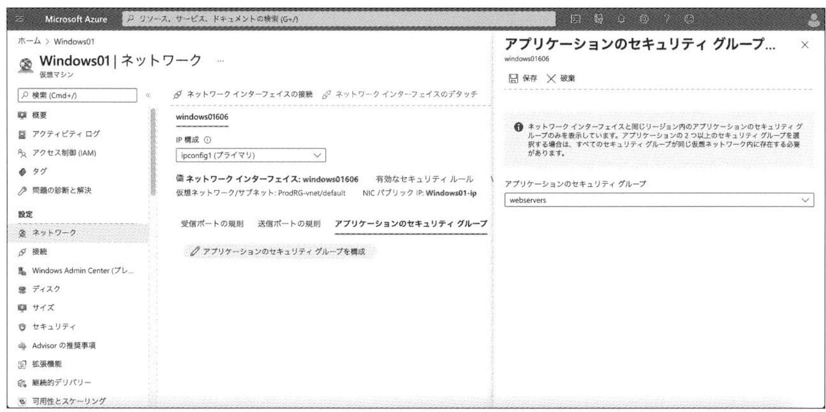

図 5.3-3　アプリケーションセキュリティグループの割り当て

❸ NSG の規則でアプリケーションセキュリティグループを使用する

NSG の規則のソースや宛先として、アプリケーションセキュリティグループを使用します。

図 5.3-4　NSG の規則におけるアプリケーションセキュリティグループの使用

Azure ファイアウォールとは

NSG よりも高度なファイアウォールを必要とする場合、Azure ファイアウォールを選択します。Azure ファイアウォールは、仮想ネットワークにデプロイする本格的なファイアウォールサービスです。

POINT!

NSG と Azure ファイアウォールを併用することで、より強固なネットワークセキュリティを実現できる。

Azure ファイアウォールを作成する

Azure ファイアウォールは、新規または既存の仮想ネットワークに作成することが可能です。ここでは、既存の仮想ネットワークに作成する手順を紹介します。

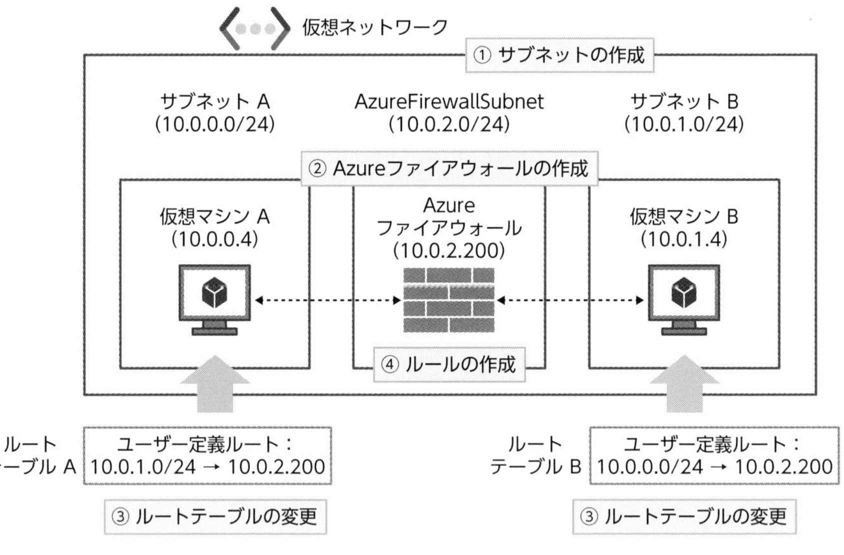

図 5.3-5 Azure ファイアウォールの作成手順

❶ Azure ファイアウォール専用サブネットを作成する

Azure ファイアウォールは既存のサブネットには作成できず、専用のサブネットに作成します。そのため、仮想ネットワークに Azure ファイアウォール専用のサブネットを作成します。また、**この専用サブネットの名前を「AzureFirewallSubnet」にする必要があります。**

❷ Azure ファイアウォールを作成する

Azure ファイアウォールを AzureFirewallSubnet サブネットに作成します。

❸ ルートテーブルを変更する

各サブネットのルートテーブルにユーザー定義ルートを作成し、サブネット内のすべての仮想マシンの通信を Azure ファイアウォールへ転送するように構成します。

図 5.3-6　ユーザー定義ルートの作成

❹ ルールを作成する

Azure ファイアウォールは、既定ですべての通信をブロックします。そのため、Azure ファイアウォールにルールを作成し、特定の通信を許可します。

図 5.3-7　Azure ファイアウォールのルール例

仮想マシンをファイアウォールとして構成する

仮想マシンにサードパーティのファイアウォールソフトウェアをインストールして、仮想マシンをファイアウォールとして構成することも可能です。その手順は、Azure Firewall とほぼ同じですが、ファイアウォールとなる仮想マシンには以下の 2 つの注意点があります。

- 仮想マシンのネットワークインターフェイスのオプションで IP 転送を許可する。既定では、ネットワークインターフェイスは転送されたパケットをすべて破棄してしまうため、そのままではファイアウォールとして機能できない。IP 転送を許可すれば、転送されたパケットも処理できる。
- **障害などにより仮想マシンが停止すると、ファイアウォールを経由する通信はすべて不可となるため、二重化を検討する必要がある。**

Azure Bastion とは

Windows または Linux の仮想マシンを直接操作するには、インターネット経由でリモートデスクトップ接続または SSH 接続を行う必要があります。しかし、これを実現するには、仮想マシンにパブリック IP アドレスを割り当てて、NSG で RDP や SSH のポートを許可しなければならず、セキュリティリスクがともないます。

Azure Bastion を使用すれば、仮想マシンにパブリック IP アドレスを割り当てたり、NSG でポートを許可したりすることなく、インターネットから安全に仮想マシンに接続できます。Azure Bastion は、「踏み台サーバー」のサービスです。踏み台サーバーは、他のコンピューターへアクセスするための単一ポイントであり、「ジャンプボックス」とも呼ばれています。仮想マシンへのアクセスを Azure Bastion 経由にすることで、セキュリティリスクを軽減できます。また、ユーザーから Azure ポータルまでは HTTPS を使用するため、組織内ネットワークで RDP や SSH が禁止されていても、仮想マシンにアクセスできるという利点もあります。

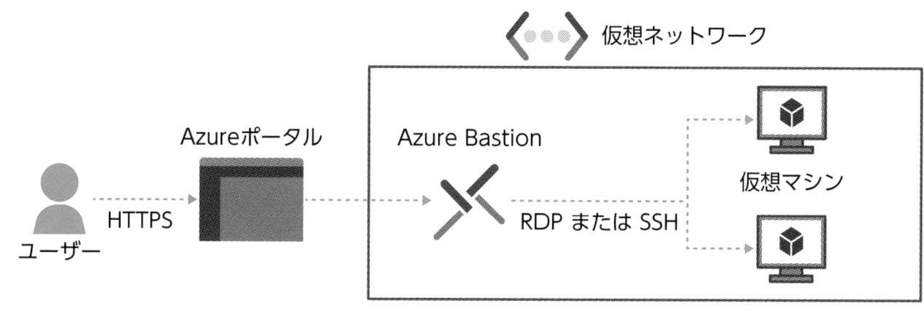

図 5.3-8　Azure Bastion

Azure Bastion を作成する

Azure Bastion は、新しい仮想ネットワークまたは既存の仮想ネットワークに作成できます。ここでは、既存の仮想ネットワークでの作成手順を紹介します。

❶ Azure Bastion 専用サブネットを作成する

仮想ネットワークに Azure Bastion 専用のサブネットを作成します。このとき、**専用サブネットの名前を「AzureBastionSubnet」とする必要があります。また、サブネットのサイズは /27 が推奨されます。**

❷ Azure Bastion を作成する

Azure Bastion を AzureBastionSubnet サブネットに作成します。

❸ 仮想マシンに接続する

Azure Bastion と同じ仮想ネットワーク内の仮想マシンへは、Azure ポータルを介して簡単に接続できます。また、仮想ネットワークピアリングが構成済みであれば、ピアリングされた別の仮想ネットワークの仮想マシンにも Azure Bastion 経由で接続できます。

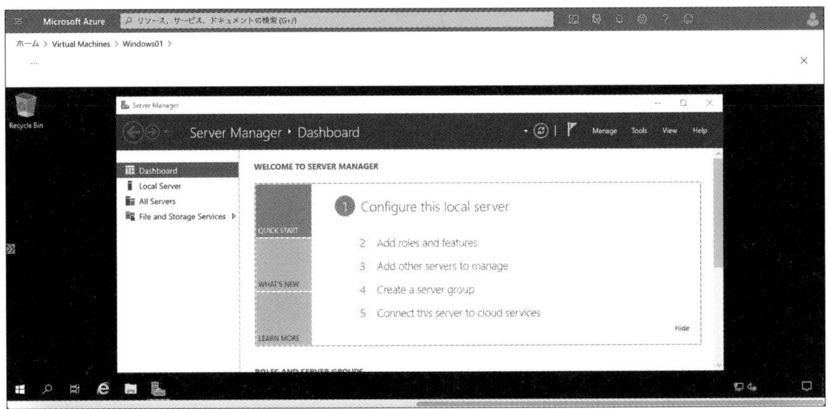

図 5.3-9　Azure Bastion 経由での Windows 仮想マシンへの接続

5.4 負荷分散の構成

負荷分散サービスは、利用者からのリクエストを複数の仮想マシンへ振り分けるサービスです。Azureには負荷分散サービスとして、Azureロードバランサー、Azure Application Gatewayなどがあり、用途に応じて使い分けが可能です。

Azureロードバランサーとは

Azureリージョン内の複数の仮想マシンに処理を分散したい場合、Azureロードバランサーを使用します。Azureロードバランサーは、TCPとUDPに対応した汎用的な負荷分散サービスです。独自の死活監視機能を有しており、仮想マシンの障害を検出し、障害が発生した仮想マシンへは処理を振り分けません。Azureロードバランサーにより、サービスのスケーラビリティと可用性が向上します。

Azureロードバランサーの種類

Azureロードバランサーは、その設置場所により、パブリックロードバランサーと内部ロードバランサーの2種類に大別されます。

パブリックロードバランサー

図5.4-1に示すように、インターネットからのアクセスを複数の仮想マシンへ負荷分散します。Azureロードバランサーは、パブリックIPアドレスとプライベートIPアドレスの両方を持ち、インターネットからのアクセスにはパブリックIPアドレスを、仮想マシンへのアクセスにはプライベートIPアドレスを使用します。したがって、負荷分散先となる各仮想マシンにはパブリックIPアドレスは不要です。

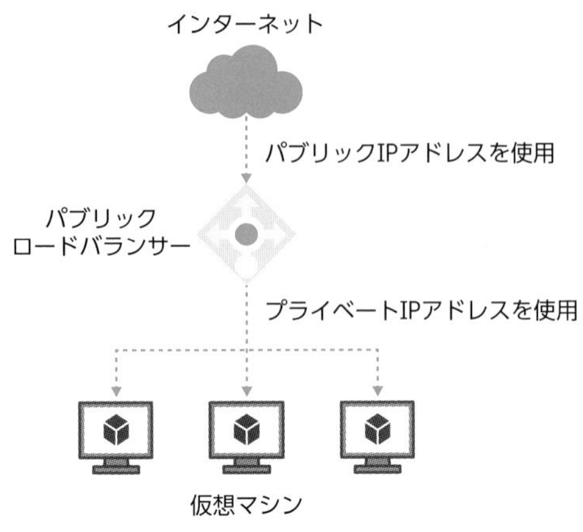

図 5.4-1　パブリックロードバランサー

内部ロードバランサー

仮想ネットワーク内からのアクセスを複数の仮想マシンへ負荷分散します。Azure ロードバランサーは、プライベート IP アドレスのみを持ち、機能的にはパブリックロードバランサーと同じです。たとえば、**Web サーバーとビジネスロジックサーバー（アプリケーションサーバー）の間に内部ロードバランサーを配置し、Web サーバーからの通信を均等にビジネスロジックサーバーへ分散します。**

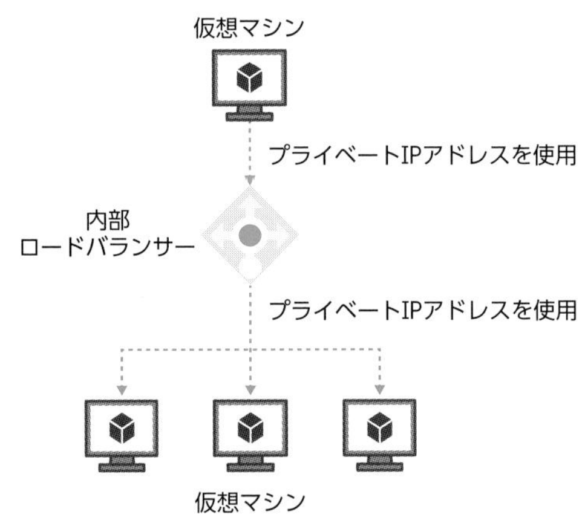

図 5.4-2　内部ロードバランサー

Azure ロードバランサーを作成する

Azure ロードバランサーのパブリックロードバランサーは、Azure ポータルから以下の手順で作成します。

❶ Azure ロードバランサーを作成する

Azure リソースとして Azure ロードバランサーを作成します。なお、Azure ロードバランサーに専用のサブネットは必要ありません。Azure ロードバランサーには、SKU として Basic と Standard があります。Basic は無料で、Standard は有料です。

5

❷ フロントエンド IP 構成を追加する

フロントエンド IP 構成は、Azure ロードバランサー自身の IP アドレスであり、パブリックロードバランサーの場合、パブリック IP アドレスになります。既定で 1 つの IP アドレスが用意されていますが、さらにオプションで IP アドレスを追加すれば、より高度で複雑な負荷分散を構成することが可能となります。

❸ 仮想マシンをバックエンドプールに追加する

バックエンドプールとは、負荷分散先のことです。バックエンドプールには複数の仮想マシンを追加できますが、以下の注意事項があります。

- **追加する仮想マシンは、すべて同じ仮想ネットワークに属している必要がある。**
- **ロードバランサーの SKU が Basic の場合、1 つの可用性セット、可用性ゾーン、スケールセットに含まれる仮想マシンのみを追加できる。**
- **ロードバランサーの SKU が Standard の場合、任意の仮想マシンを追加できる。**
- **ロードバランサーの SKU が Standard の場合、仮想マシンがパブリック IP アドレスを持っているのであれば、そのパブリック IP アドレスの SKU も Standard でなければならない。**

❹ 正常性プローブを追加する

正常性プローブは、Azure ロードバランサーによる死活監視の機能です。正常性プローブのチェック方法としては、TCP または HTTP を選択できます。正常性プローブのチェックにより、応答のない仮想マシンは、自動的に負荷分散のターゲットから除外されます（その後、再度、応答するようになれば、自動的に負荷分散のターゲットへ追加されます）。

❺ 規則を追加する

ここまでに作成したフロントエンド IP 構成、バックエンドプール、正常性プローブを組み合わせて規則を作成します。**規則がなければ、負荷分散は一切行いません。**規則の種類には、負荷分散規則とインバウンド NAT 規則があります。

負荷分散規則

Azure ロードバランサーの特定のポートへのアクセスを、複数の仮想マシンの特定のポートへ負荷分散します。これは、Azure ロードバランサーの標準の規則です。

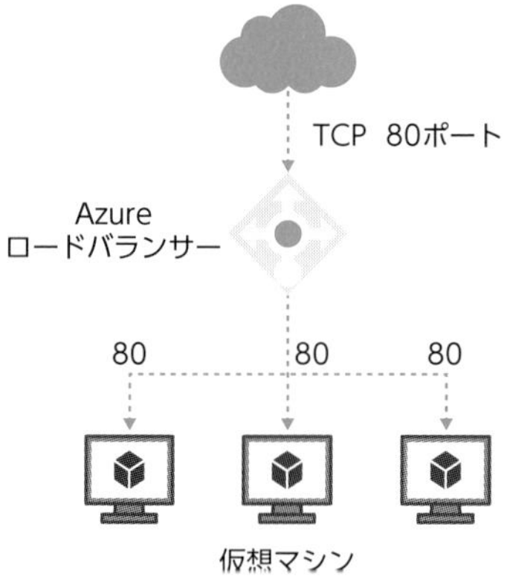

図 5.4-3　負荷分散規則

インバウンド NAT 規則

Azure ロードバランサーへのアクセスを単一の仮想マシンへ転送するフォワーディング機能です。インバウンド NAT 規則は、負荷分散は行わず、必要に応じてポート変換のみを行います。

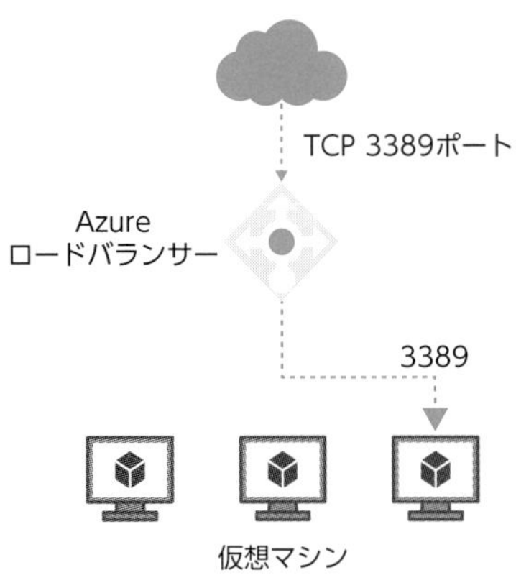

図 5.4-4　インバウンド NAT 規則

Azure ロードバランサーの分散モードを構成する

Azure ロードバランサーの負荷分散では、アクセスのたびにターゲットの仮想マシンをローテーションする一般的なラウンドロビン方式ではなく、ハッシュ方式が採用されています。

ハッシュ方式では、ソースおよび宛先の IP アドレスやポート番号などの要素（タプル）のハッシュ値にもとづいて、仮想マシンを選択します。ロードバランサーの［セッション永続化］オプションでは、負荷分散で用いるこれらの要素（タプル）の種類を選択できます。

表 5.4-1　［セッション永続化］オプション

種類	要素
5 タプルハッシュ（既定）	ソース IP、ソースポート、宛先 IP、宛先ポート、プロトコルの種類（TCP または UDP）
3 タプルハッシュ	ソース IP、宛先 IP、プロトコルの種類
2 タプルハッシュ	ソース IP、宛先 IP

［セッション永続化］オプションを 5 タプルハッシュから 3 タプルハッシュまたは 2 タプルハッシュに変更すると、可変するポート番号を意識しなくなるため、たとえば同じクライアントに対して、常に同じ Web サーバーがサービスを提供します。

高可用性（HA：High Availability）ポートを構成する

Azure ロードバランサーへのすべての通信を単純に仮想マシンへ負荷分散したい場合は、高可用性ポートを使用します。

高可用性ポートを使用すれば、複数の規則を作成することなく、単純な負荷分散を構成できるので、**ネットワーク仮想アプライアンス（NVA）と組み合わせてよく用いられています。なお、高可用性ポートは、Azure ロードバランサーが内部ロードバランサーで、かつ SKU が Standard の場合のみサポートされます（パブリックロードバランサーや SKU が Basic の場合はサポートされません）。**

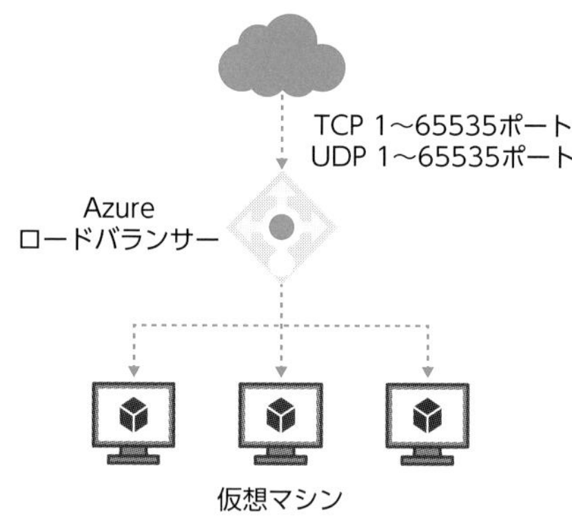

図 5.4-5　高可用性ポート

POINT!

ネットワーク仮想アプライアンス（NVA）とは、仮想マシンとして提供されるネットワーク機器のことをいう。NVA は試験問題でも度々登場する。代表的な NVA に、ルーターやファイアウォールなどがある。Azure Marketplace には、サードパーティからさまざまな NVA が提供されている。

Azure Application Gateway

Azure ロードバランサーが汎用的な負荷分散サービスであるのに対して、**Azure Application Gateway は、Web サーバーに特化した負荷分散サービスです。** Azure Application Gateway には、Azure ロードバランサーにはない以下の特徴があります。

複数サイトとパスベースのルーティング

ドメイン名や URL パスにもとづいて、負荷分散先のターゲットの仮想マシンのグループを変更することができます。たとえば、ドメイン名の「www.contoso.com」と「www.adatum.com」の負荷分散先をそれぞれ別々に指定することができます。同様に、URL パスの「www.contoso.com/news」と「www.contoso.com/weather」の負荷分散先も別々に指定できます。

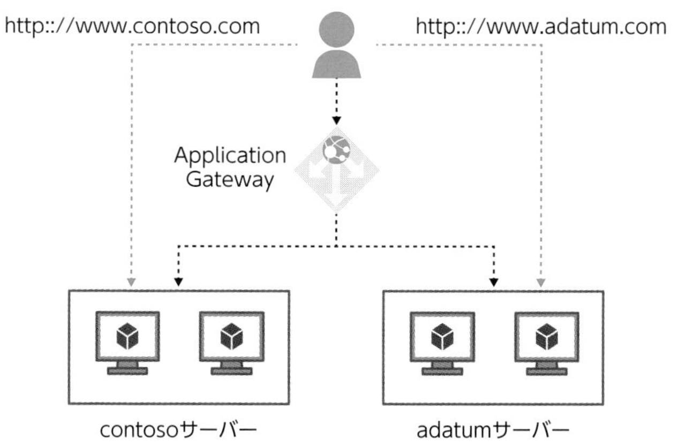

図 5.4-6　ドメイン名にもとづくルーティング

SSL/TLS ターミネーション

Azure Application Gateway にサーバー証明書をインストールすれば、Web ブラウザとの間で SSL/TLS を使用した暗号化通信を有効化できます。これにより、負荷分散先の仮想マシン（Web サーバー）にサーバー証明書をインストールする必要がなくなります。

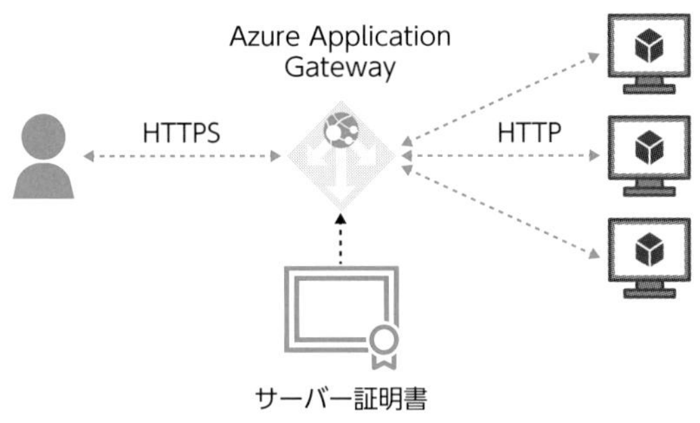

図 5.4-7　SSL/TLS ターミネーション

WAF によるセキュリティ保護

オプションの WAF（Web Application Firewall）を Azure Application Gateway に追加することで、**SQL インジェクション攻撃やクロスサイトスクリプティング攻撃など、各所に大きな被害を与えている Web アプリの脆弱性を悪用した攻撃を簡単にブロックすることができます。**

POINT!

Azure ロードバランサーと Azure Application Gateway はどちらも、パブリック（インターネットからのアクセス）とプライベート（仮想ネットワーク内やサイト間接続されたオンプレミスネットワークからのアクセス）で利用できる。

5.5 仮想ネットワークの監視とトラブルシューティング

Network Watcher とは

「仮想マシンと通信ができない」、「アプリのネットワークパフォーマンスが低下している」といったようなネットワークの状態やパフォーマンスに関する問題は、トラブルシューティングツールのNetwork Watcherで調査できます。Network Watcherが提供する監視および診断の機能は、表5.5-1のとおりです。

表 5.5-1 Network Watcher の監視・診断機能

監視・診断機能	説明
トポロジ	ネットワークリソースを可視化する
接続モニター	ネットワークリソース間の通信を監視する
ネットワークパフォーマンスモニター	**仮想マシン間や、オンプレミスコンピューターと仮想マシン間のネットワークパフォーマンス（遅延など）を監視する**
IPフロー検証	NSG にもとづいて、送受信先の IP アドレスとの通信の可否を表示する
ネクストホップ	ルートテーブルにもとづいて、送信先の IP アドレスの次のホップを表示する
有効なセキュリティルール	仮想マシンの有効な NSG を表示する
VPN のトラブルシューティング	VPN の接続問題のトラブルシューティングを行う
パケットキャプチャ	パケットをキャプチャし、そのデータを Blob に保存する
接続のトラブルシューティング	仮想マシンから他のサーバーやサービスへ接続する際の問題のトラブルシューティングを行う
NSG フローログ	NSG を通過して許可または拒否される IP トラフィックの情報のログを収集する
診断ログ	ネットワークリソースのログの収集を有効化する
トラフィック分析	ネットワークトラフィックを可視化する

Network Watcher の［ネクストホップ］を使用する

Network Watcher の［ネクストホップ］により、ターゲットの仮想マシンと送信先の IP アドレスを指定して、**使用されるルートテーブルのネクストホップを表示できます。**この機能はルートテーブルの動作テストに用いられます。

図 5.5-1　Network Watcher の［ネクストホップ］

Network Watcher の［IPフロー検証］を使用する

Network Watcher の［IP フロー検証］を使用すると、ターゲットの仮想マシンと送受信先の IP アドレスを指定して、**NSG にもとづいたアクセスの可否を表示できます。**この機能は NSG の動作テストに用いられます。

図 5.5-2　Network Watcher の [IP フロー検証]

Network Watcher の [接続モニター] を使用する

Network Watcher の [接続モニター] を使用すると、ネットワーク内のエンドツーエンドの接続をグラフィカルに表示し、**長時間にわたり監視できます。また、パケットの往復時間 (ラウンドトリップ時間 : RTT) を測定することもできます。**

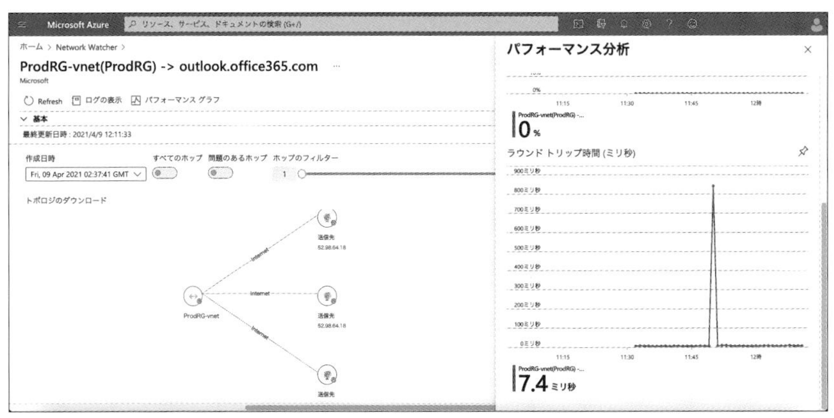

図 5.5-3　Network Watcher の [接続モニター]

Network Watcher の［NSG フローログ］を使用する

Network Watcher の［NSG フローログ］で、NSG フローログを有効化すると、ネットワーク内のすべてのトラフィックがNSGでどのように評価されたかを、JSON 形式のテキストログとしてストレージアカウントに保存できます。NSG フローログには、通信の発生時間、発信元 IP アドレス、宛先 IP アドレス、発信ポート、宛先ポートなどのプロパティが含まれており、外部のツールで分析できます。


```
{"records":[{"time":"2021-07-27T02:08:20.7664652Z","systemId":"75f9a3cc-b3cd-4fe6-8762-133e61225c40",
"macAddress":"002248699541","category":"NetworkSecurityGroupFlowEvent","resourceId":"/SUBSCRIPTIONS/
9192F5DE-A3EA-4352-B7BF-860AC0B3E321/RESOURCEGROUPS/RG00/PROVIDERS/MICROSOFT.NETWORK/NETWORKSECURITYGROUPS/VM00-NSG",
"operationName":"NetworkSecurityGroupFlowEvents","properties":{"Version":2,"flows":[
{"rule":"DefaultRule_AllowInternetOutBound","flows":[{"mac":"002248699541","flowTuples":["1627351653,10.0.0.4,104.102.169.110,
49788,80,T,O,A,B,,,,","1627351653,10.0.0.4,20.54.64.202,49789,80,T,O,A,B,,,,","1627351654,10.0.0.4,104.102.169.110,49790,80,T,
O,A,B,,,,","1627351658,10.0.0.4,20.190.166.65,49792,443,T,O,A,B,,,,","1627351662,10.0.0.4,40.77.18.167,49793,443,T,O,A,B,,,,",
"1627351664,10.0.0.4,20.150.105.4,49800,443,T,O,A,B,,,,","1627351665,10.0.0.4,13.67.52.249,49802,443,T,O,A,B,,,,","1627351665,
10.0.0.4,117.18.237.29,49803,80,T,O,A,B,,,,","1627351665,10.0.0.4,13.76.220.133,49804,443,T,O,A,B,,,,","1627351668,10.0.0.4,
104.102.169.110,49788,80,T,O,A,E,6,2740,6,656","1627351669,10.0.0.4,104.102.169.110,49790,80,T,O,A,E,6,1924,6,656",
"1627351672,10.0.0.4,104.43.14.10,49805,443,T,O,A,B,,,,","1627351672,10.0.0.4,104.43.14.10,49806,443,T,O,A,B,,,,","1627351672,
10.0.0.4,104.43.14.10,49807,443,T,O,A,B,,,,","1627351674,10.0.0.4,20.54.64.202,49789,80,T,O,A,C,8,4422,9,4712","1627351674,10.
0.0.4,13.67.52.249,49802,443,T,O,A,C,10,2692,11,9988","1627351674,10.0.0.4,104.43.14.10,49805,443,T,O,A,C,21,9219,20,6682",
"1627351674,10.0.0.4,40.77.18.167,49793,443,T,O,A,C,10,2417,9,5320","1627351674,10.0.0.4,117.18.237.29,49803,80,T,O,A,C,4,470,
3,979","1627351674,10.0.0.4,104.43.14.10,49807,443,T,O,A,C,9,982,8,4469","1627351674,10.0.0.4,20.190.166.65,49792,443,T,O,A,C,
11,11176,26,30440","1627351674,10.0.0.4,20.150.105.4,49800,443,T,O,A,C,15,1558,85,113847","1627351674,10.0.0.4,13.76.220.133,
49804,443,T,O,A,C,10,2792,28,35187","1627351674,10.0.0.4,104.43.14.10,49806,443,T,O,A,C,9,982,8,4469","1627351678,10.0.0.4,40.
77.18.167,49793,443,T,O,A,E,0,0,0,0","1627351681,10.0.0.4,13.67.52.249,49802,443,T,O,A,E,0,0,0,0","1627351681,10.0.0.4,13.76.
220.133,49804,443,T,O,A,E,0,0,0,0"]}]},{"rule":"DefaultRule_DenyAllInBound","flows":[{"mac":"002248699541","flowTuples":
["1627351656,151.106.40.161,10.0.0.4,5082,5060,U,I,D,B,,,,","1627351657,45.129.136.248,10.0.0.4,50616,44344,T,I,D,B,,,,",
"1627351659,162.142.125.155,10.0.0.4,52000,12502,T,I,D,B,,,,","1627351670,38.88.252.189,10.0.0.4,51604,513,T,I,D,B,,,,",
"1627351672,47.117.6.239,10.0.0.4,50890,2376,T,I,D,B,,,,","1627351673,47.99.220.134,10.0.0.4,51497,2375,T,I,D,B,,,,",
"1627351678,209.17.96.250,10.0.0.4,63910,80,T,I,D,B,,,,","1627351682,209.141.34.35,10.0.0.4,55541,123,U,I,D,B,,,,",
"1627351687,162.142.125.151,10.0.0.4,41384,18039,T,I,D,B,,,,","1627351689,89.248.165.134,10.0.0.4,53180,1028,T,I,D,B,,,,"]}]}]
}}]}
```


図 5.5-4　Network Watcher で有効化した NSG フローログの例

5.6 オンプレミスネットワークと仮想ネットワークの統合

サイト間接続とは

サイト間接続は、仮想ネットワークと企業や組織のネットワーク（オンプレミスネットワーク）を接続する機能です。サイト間接続により、2つのネットワークのコンピューター（または仮想マシン）はプライベートIPアドレスを使ってお互い自由に通信でき、2つのネットワークをまるで1つのネットワークであるかのように運用することができます。

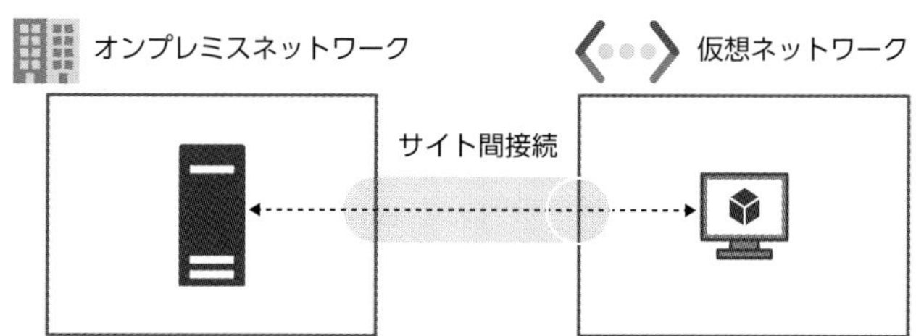

図5.6-1　サイト間接続

POINT!

サイト間接続は、仮想ネットワーク同士の接続に利用することもできる。ただし、現在はより簡単なピアリング接続が提供されているので、サイト間接続は、あまり使われなくなっている。もし、試験問題で、仮想ネットワーク同士を接続したいのに選択肢にピアリング接続がない場合は、サイト間接続でも可能であることを思い出してほしい。

サイト間接続を作成する

サイト間接続の実体は、インターネットを介したVPN接続です。そのため、サイト間接続では、仮想ネットワークとオンプレミスネットワークの双方にVPN装置が必要となります。仮想ネットワーク側のVPN装置を「VPNゲートウェイ」、オンプレミスネットワーク側のVPN装置を「VPNデバイス」と呼びます。サイト間接続の作成手順は、以下のとおりです。

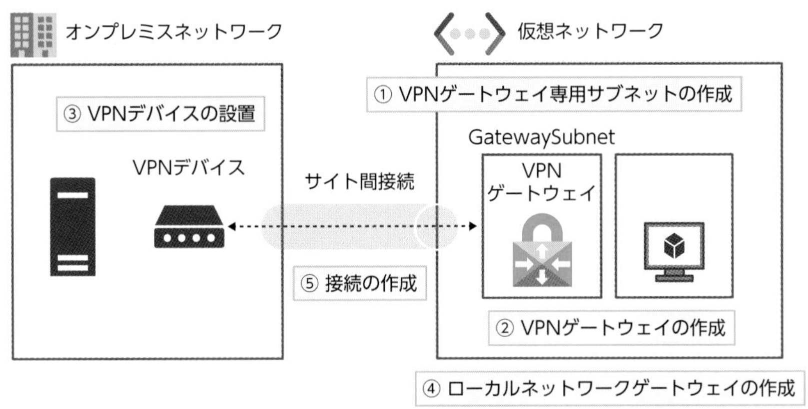

図5.6-2　サイト間接続の作成手順

❶ VPNゲートウェイ専用サブネットを作成する

仮想ネットワークにVPNゲートウェイ専用サブネットを作成します。このとき、サブネットの名前を「GatewaySubnet」にする必要があります。

❷ VPNゲートウェイを作成する

VPNゲートウェイはソフトウェアベースのVPN装置であり、その正式名称は「仮想ネットワークゲートウェイ」です。VPNゲートウェイをGatewaySubnetサブネットに作成します（この作成には45分以上かかります）。VPNゲートウェイには複数のSKUが用意されており、SKUによりスループットと料金が異なります。

❸ VPNデバイスを設置する

オンプレミスネットワークにVPNデバイスを設置します。Azureに対応したVPNデバイスは、シスコシステムズ社やジュニパーネットワークス社など多くのネットワークベンダーから販売されています。また、ソフトウェアベースのVPNデバイスとして、Windows Serverの標準機能のルーティングリモートアクセス（RRAS）を利用することも可能です。

④ ローカルネットワークゲートウェイを作成する

ローカルネットワークゲートウェイは、オンプレミスネットワークの情報を記録するためのAzureリソースです。このリソースには、オンプレミスネットワークのアドレス空間と、VPNデバイスのIPアドレスを指定します。

⑤ VPNゲートウェイとローカルネットワークゲートウェイを接続する

手順②と手順④でそれぞれ作成したVPNゲートウェイとローカルネットワークゲートウェイを関係付けることで、サイト間接続が完成します。

5

IPsecのルーティング方法

サイト間接続では、VPNゲートウェイとVPNデバイスがIPsecを使用し、VPN接続を行います。このとき、IPsecのルーティング方法として、ポリシーベースまたはルートベースを選択できます。

ポリシーベース

IPsecポリシーにもとづいてデータを送信します。後述する**ポイント対サイト接続がサポートされない**など、いくつかの制約があります。

ルートベース

ルートテーブルにもとづいてデータを送信します。ルートベースはサイト間接続の推奨値であり、ポリシーベースのような制約がありません。

ポリシーベースとルートベースのうち、どちらを使用するか決まったら、VPNゲートウェイとVPNデバイスで指定します。なお、VPNゲートウェイは、その作成時のみ、IPsecのルーティング方法を選択できます。もし、途中でルーティング方法を変更する必要が生じた場合は、いったん**VPNゲートウェイを削除し、再作成する必要があります。**

サイト間接続の可用性を向上させる

VPN ゲートウェイや VPN デバイスの障害またはメンテナンスにより、サイト間接続が停止すると、業務に大きな影響が出るおそれがあります。そのため、サイト間接続では、表 5.6-1 のような二重化対策が推奨されます。

表 5.6-1　二重化対策

サイト間接続のコンポーネント	二重化対策
VPN ゲートウェイ (仮想ネットワークゲートウェイ)	**1 つの VPN ゲートウェイをアクティブ / アクティブモードでデプロイ**すると、実際には 2 台の VPN ゲートウェイが有効になる。**パブリック IP アドレスは 2 つ必要となる**
VPN デバイス	2 台の VPN デバイスを設置し、**2 つのローカルネットワークゲートウェイをデプロイする**

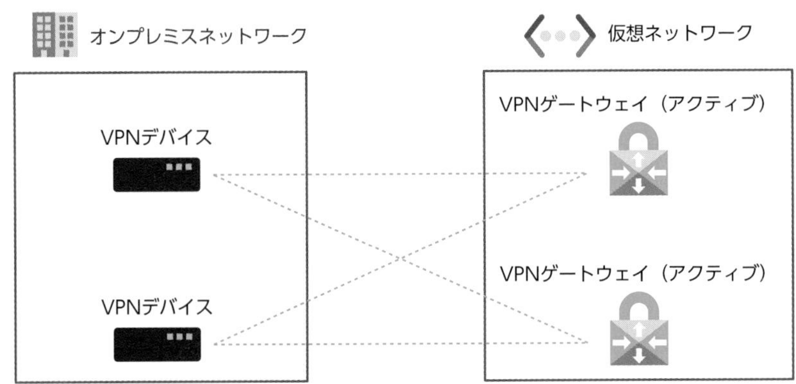

図 5.6-3　サイト間接続の二重化構成

ポイント対サイト接続とは

ルートベースの VPN ゲートウェイには、オプションとしてポイント対サイト接続が用意されています。ポイント対サイト接続とは、Windows や Mac などの単体のコンピューターを仮想ネットワークに接続する便利な機能です。ポイント対サイト接続では、複数の VPN プロトコルをサポートし、オープンソースの OpenVPN プロトコルも使用できるので、OpenVPN プロトコルをサポートするスマートフォンやタブレットなどのデバイスも接続可能です。

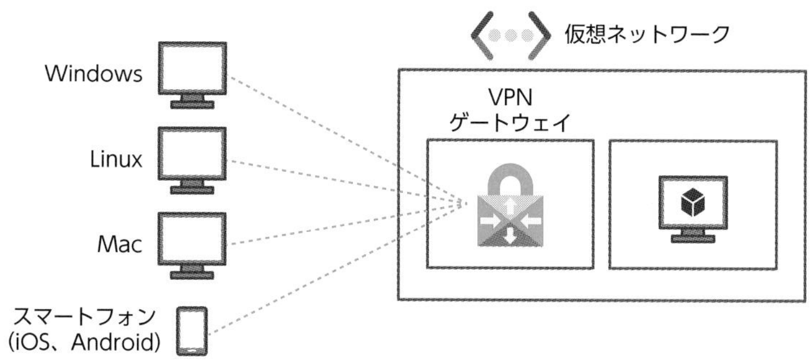

図 5.6-4 ポイント対サイト接続

ポイント対サイト接続の認証方法

ポイント対サイト接続では、正規のコンピューター（またはデバイス）からのアクセスであることを証明するための認証が必要です。次の2種類の認証方法がサポートされています。

Azure 証明書

接続するデバイスにクライアント証明書をインストールしておき、そのクライアント証明書で認証します。

Azure Active Directory 認証

ユーザーは、Azure Active Directoryを使用して認証します。この方法は、Windows 10専用のAzure VPNクライアントソフトのみでサポートされています。

ポイント対サイト接続を作成する

ポイント対サイト接続を行う手順を以下に紹介します。なお、この手順はAzure証明書を使用するWindows 10コンピューターの例です。

❶ VPN ゲートウェイを作成する

サイト間接続と同様に、仮想ネットワークにVPNゲートウェイ専用サブネット「GatewaySubnet」を作成し、ルートベースの VPN ゲートウェイを作成します。

POINT!

1 つの仮想ネットワークに作成できる VPN ゲートウェイは 1 つだけである。そのため、仮想ネットワークにサイト間接続が構成済みであれば、その VPN ゲートウェイをポイント対サイト接続でも利用する。

❷ 証明書を作成し、配布する

証明書によるポイント対サイト接続を行うためには、まず、ルート証明書とクライアント証明書で構成された 2 階層の証明書を作成します。なお、ルート証明書は、自己署名の証明書で構いません。次に、VPN ゲートウェイにルート証明書をアップロードします。最後に、Windows 10 コンピューターにルート証明書とクライアント証明書をコピーします。

POINT!

クライアント証明書は複数のコンピューターで使用できる。たとえば、ある Windows 10 コンピューターでクライアント証明書を作成したら、それをエクスポートし、別の複数の Windows 10 コンピューターにインポートして利用できる。

❸ Azure VPN クライアント構成パッケージをインストールする

Azure ポータルから VPN クライアント構成パッケージをダウンロードし、Windows 10 コンピューターに VPN クライアント構成パッケージをインストールします。すると Windows 10 コンピューターに VPN ゲートウェイへの接続アイコンが作成されます。VPN クライアント構成パッケージには、VPN ゲートウェイや仮想ネットワークの情報が含まれているため、それ以上の操作はありません。ただし、**仮想ネットワーク側のトポロジが変更された場合、VPN クライアント構成パッケージをダウンロードし直して、再インストールする必要があります。**

❹ ポイント対サイト接続を行う

Windows 10 コンピューターの VPN 接続アイコンをクリックし、VPN ゲートウェイに接続します。Azure証明書による認証の場合は、自動的に認証が行われるため、認証ダイアログボックスが表示されることなく接続が完了します。

図5.6-5 VPN接続によるポイント対サイト接続

ExpressRouteとは

ExpressRouteは、オンプレミスネットワークと仮想ネットワークを専用線で接続するサービスです。オプションで、Azureの他のサービスやMicrosoft 365へも同じ専用線でアクセスすることができます。ExpressRouteを介した仮想ネットワークへのアクセスは、インターネットVPNによるサイト間接続と比較して、「インターネットを経由しないため安全」、「帯域幅が保証される」などの利点があります。

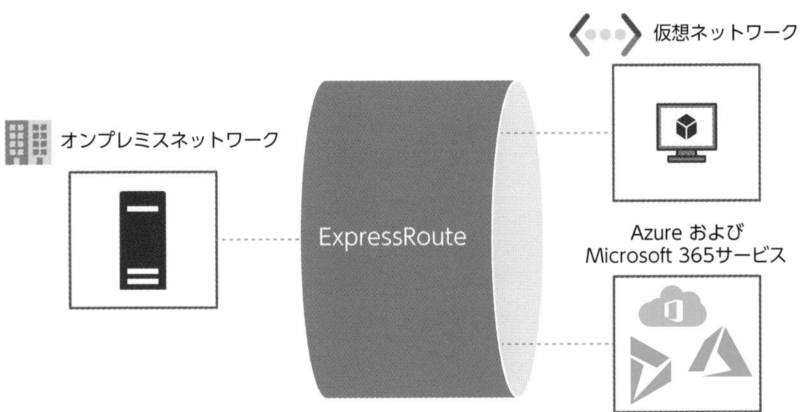

図5.6-6 ExpressRoute

ExpressRoute とサイト間接続を併用する

ExpressRoute の障害対策として 2 本の ExpressRoute 回線を用意し、2 重化することもできますが、コスト負担が増大します。これに対して、1 本の ExpressRoute 回線と 1 本のサイト間接続（VPN 接続）を併用すれば、コスト負担を軽減できます。この場合、サイト間接続はバックアップ回線となり、すべての通信は、ExpressRoute 回線を優先的に使用し、ExpressRoute 回線に障害が発生した場合のみサイト間接続を使用します。なお、**サイト間接続をバックアップ回線とする場合、VPN ゲートウェイの SKU として Basic はサポートされていません。VpnGw1 以上の SKU が必要です。**

Azure Virtual WAN とは

複数のオンプレミスネットワークと複数の仮想ネットワークがすべて接続され、それぞれが完全に通信し合えることを「フルメッシュ通信」または「Any-to-Any 通信」と呼びます。本来、フルメッシュ通信を実現するには複雑な設定が必要ですが、Azure Virtual WAN を使用すれば、仮想ハブを中心としたハブアンドスポーク構成によって簡単にフルメッシュ通信を実現することができます。

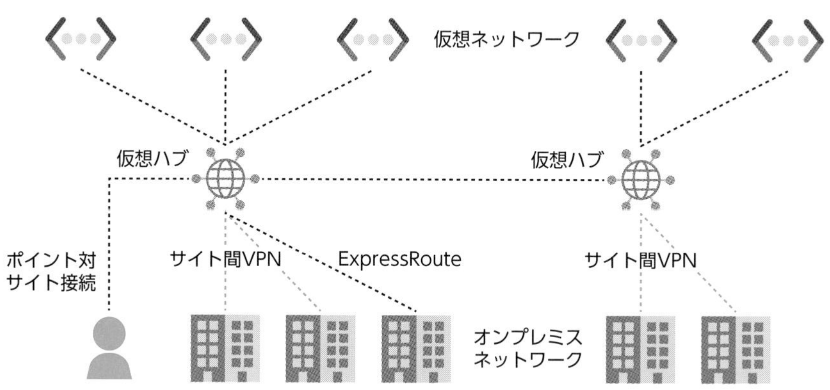

図 5.6-7　Azure Virtual WAN によるフルメッシュ通信の実現

Azure Virtual WAN を作成する

Azure Virtual WAN では、フルメッシュ通信を実現するために、サイト間接続、ポイント対サイト接続、ExpressRoute をまとめて管理します。Azure Virtual WAN の作成手順は、以下のとおりです。

❶ 仮想 WAN を作成する

SKU を選択して、仮想 WAN を作成します。SKU には Basic と Standard があります。Basic では、サイト間接続のみを管理できます。一方、Standard では、サイト間接続、ポイント対サイト接続、ExpressRoute をすべて管理できます。

5

❷ 仮想ハブを作成する

仮想 WAN に仮想ハブを作成します。仮想ハブの実体は、仮想マシンによるインターネットルーターです。仮想ハブ自体は Microsoft Azure が管理するので、ユーザーによる保守は必要ありません。なお、**仮想ネットワークのリージョンごとに仮想ハブを作成する必要があります。**

❸ オンプレミスネットワークを接続する

仮想ハブにオンプレミスネットワークを接続します。オンプレミスネットワークの接続方法は、サイト間接続でも ExpressRoute でも構いません。また、ポイント対サイト接続もサポートされます。

❹ 仮想ネットワークを接続する

仮想ハブに仮想ネットワークを接続します。仮想ハブがあるリージョンの仮想ネットワークが接続可能です。

章末問題

Q1　あなたは、Microsoft Azure の組織内サポートを行っています。ユーザーから「Windows 仮想マシンにリモートデスクトップ接続ができない」という連絡を受けました。Azure ポータルの Windows 仮想マシンの［ネットワーク］ブレードは下図のようになっています。あなたは何をすべきですか？

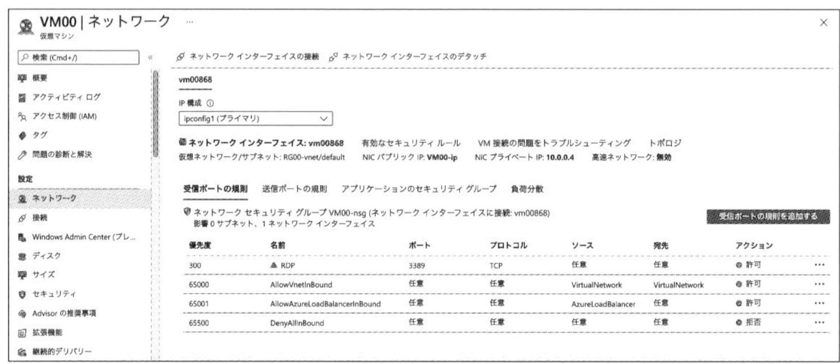

A. RDP 規則を修正する

B. DenyAllInBound 規則を削除する

C. ネットワークインターフェイスを接続する

D. 仮想マシンを開始する

解説

Azure ポータルの仮想マシンの［ネットワーク］ブレードには、NSG の［受信ポートの規則］が表示されています。リモートデスクトップ接続を行うためには、［受信ポートの規則］の RDP 規則が必要ですが、図の RDP 規則には何ら問題はありません。別の原因として、仮想マシンが停止していることが考えられます。よって、D が正解です。

［答］D

Q2 あなたは、複数の仮想ネットワーク VNet1、VNet2、VNet3 を作成する予定です。VNet1 の仮想マシン VM1 を DNS サーバーとして運用します。VNet1 だけではなく、VNet2、VNet3 でも VM1 を DNS サーバーとして使用するには、どうすればよいですか？

A. VM1 の DNS で条件付きフォワーダーを設定する
B. VNet1 にサービスエンドポイントを追加する
C. VNet2 と VNet3 にサービスエンドポイントを追加する
D. VNet1、VNet2、VNet3 間でピアリング接続する

解説

複数の仮想ネットワークはそれぞれが独立し、分離していますが、ピアリング接続を行うことで、複数の仮想ネットワークを 1 つのネットワークのように使用することができ、DNS サーバーも共有できます。よって、D が正解です。

［答］D

Q3 あなたは、仮想マシンのネットワークトラフィックの制御に NSG を使用する予定です。NSG の規則としてアプリケーションセキュリティグループを使用する場合、どのような手順が必要ですか？ 2 つ選択してください。

A. アプリケーションセキュリティグループを作成する
B. サービスタグを作成する
C. 仮想マシンにアプリケーションセキュリティグループを割り当てる
D. 仮想マシンのネットワークインターフェイスにアプリケーションセキュリティグループを割り当てる

解説

アプリケーションセキュリティグループを使用するには、まず、Azure リソースとして、アプリケーションセキュリティグループを作成します。次に、仮想マシンのネットワークインターフェイスに、作成したアプリケーションセキュリティグループを割り当てます。よって、A と D が正解です。

［答］A、D

Q4 あなたは、仮想ネットワーク VNet1 と VNet2 をピアリング接続しました。現在の VNet1 のピアリング接続は下図のとおりです。次の質問に答えてください。

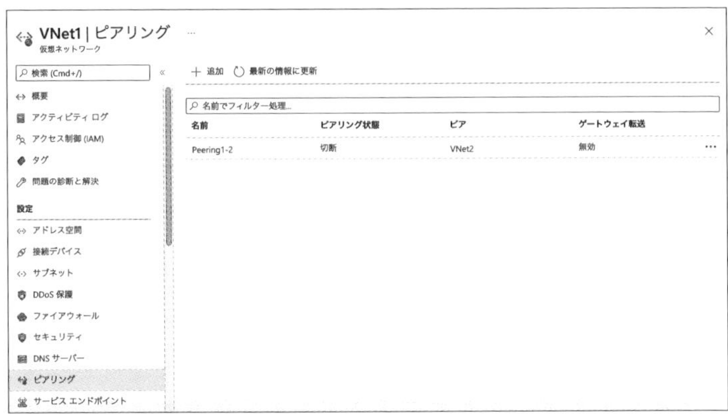

[仮想マシンのアクセスは？]

A. VNet1 の仮想マシンと VNet2 の仮想マシンは相互にアクセスできる

B. VNet1 の仮想マシンから VNet2 の仮想マシンへ一方向のアクセスができる

C. VNet2 の仮想マシンから VNet1 の仮想マシンへ一方向のアクセスができる

D. VNet1 の仮想マシンと VNet2 の仮想マシンは相互にアクセスできない

[VNet1 の状態を接続済みにするには？]

E. VNet1 にサービスエンドポイントを作成する

F. VNet2 にサービスエンドポイントを作成する

G. アドレス空間を修正する

H. ピアリング接続を削除する

解説

設問の図では、VNet1 と VNet2 がピアリング接続されていますが、VNet1 のピアリング状態が［切断］となっています。これはすなわち、VNet2 側でピアリング接続を削除した状態です。そのため、ピアリング接続が機能せず、VNet1の仮想マシンとVNet2の仮想マシンは相互にアクセスすることができません。ピアリング状態を［接続済み］にするには、いったんVNet1側のピアリング接続を削除した後で、作り直す必要があります。よって、DとHが正解です。

［答］D、H

Q5 あなたは、サイト間接続でオンプレミスネットワークと仮想ネットワークを接続しました。オンプレミスネットワークから仮想ネットワークへのアクセスはすべて、仮想アプライアンスで検査する予定です。何をしますか？

A. ゲートウェイサブネットに仮想アプライアンスを追加する
B. ゲートウェイサブネットにルートテーブルを割り当てる
C. ゲートウェイサブネットにNSGを割り当てる
D. VPNゲートウェイにNSGを割り当てる

解説

オンプレミスネットワークから仮想ネットワークへのすべてのアクセスを仮想アプライアンスへ転送するには、ゲートウェイサブネットにルートテーブルを割り当てて、ユーザー定義ルートで仮想ネットワークのアドレス範囲を仮想アプライアンスへ転送します。よって、Bが正解です。

［答］B

Q6 あなたは、インターネットからアクセスされるWebサーバーの複数の仮想マシンの負荷分散を計画しています。なお、Webサーバーは、SQLインジェクション攻撃から保護される必要があります。どの負荷分散サービスを選択しますか？

A. Azureパブリックロードバランサー
B. Azure内部ロードバランサー
C. Azure Application Gateway
D. Azure Traffic Manager

解説

負荷分散サービスのAzure Application Gatewayのオプションである WAF（Web Application Firewall）を使用すると、SQLインジェクション攻撃やクロスサイトスクリプティング攻撃など、Webアプリケーションの脆弱性を悪用した攻撃をブロックできます。よって、Cが正解です。

［答］C

Q7 あなたは、単一の仮想ネットワークの異なるサブネットに5台の仮想マシンを作成し、NSGを割り当てる予定です。5台の仮想マシンに対して、同一のインバウンドとアウトバウンドのトラフィックを許可する必要があります。最低限作成しなければならないNSGの数はいくつですか？

A. 1
B. 2
C. 5
D. 10

解説

同一リージョン内ではNSGを使い回すことができるので、同じインバウンドとアウトバウンドのトラフィックを許可するのであれば、作成すべきNSGは1つで十分です。よって、Aが正解です。

［答］A

Q8 あなたは、ポイント対サイト接続により、Windows 10コンピューターClient1から仮想ネットワークVNet1へアクセスしています。先日、新しい仮想ネットワークVNet2を作成し、VNet1とVNet2をピアリング接続しました。しかし、Client1から、ポイント対サイト接続でVNet2にアクセスできません。どうすればよいですか？

A. VNet1で［ゲートウェイ転送を許可する］を選択する
B. VNet2で［ゲートウェイ転送を許可する］を選択する
C. VNet2で［BGPルート伝搬を無効にする］を選択する

D. Client1 で VPN クライアント構成パッケージを再インストールする

解説

ポイント対サイト接続では、仮想ネットワーク側のトポロジが変更された場合、VPN クライアント構成パッケージをダウンロードし直して、再インストールする必要があります。よって、D が正解です。

［答］D

Q9 あなたは、仮想ネットワーク VNet1 と VNet2 をピアリング接続しました。ピアリング接続後に、VNet1 のアドレス範囲を追加する必要が生じました。どうすればアドレス範囲を追加できますか？

A. 既存のアドレス範囲に新しいアドレス範囲を追加する
B. 既存のアドレス範囲を削除し、アドレス範囲を追加する
C. ピアリング接続を削除し、新しいアドレス範囲を追加して、ピアリングを再作成する
D. ピアリング接続を無効化し、新しいアドレス範囲を追加して、ピアリングを有効化する

解説

仮想ネットワークでは、複数のアドレス範囲を保持することができ、後からアドレス範囲を追加することも可能です。ただし、ピアリング接続後の仮想ネットワークはアドレス範囲を変更できないので、いったんピアリング接続を削除する必要があります。よって、C が正解です。

［答］C

Q10 あなたは、Azure パブリックロードバランサーを作成し、5 台の仮想マシンの負荷分散を行っています。リモートデスクトップ接続については、すべて 1 台の仮想マシンに転送する必要があります。何を設定する必要がありますか？

A. フロントエンド IP 構成

（選択肢は次ページに続きます。）

B. インバウンド NAT 規則
C. 負荷分散規則
D. バックエンドプール

解説

Azure ロードバランサーで、インターネットからの通信を負荷分散せずに特定の仮想マシンへ転送するだけであれば、インバウンド NAT 規則を使用します。よって、B が正解です。

［答］B

Q11 あなたは、複数の Linux ベースの仮想マシンに対し、インターネット経由で SSH 接続をして保守を行う予定です。なお、仮想マシンは、1 つの仮想ネットワークにデプロイされており、パブリック IP アドレスは割り当てられていません。最も安全な方法を選択してください。

A. すべての仮想マシンにパブリック IP アドレスを割り当てる
B. ネットワークセキュリティグループに 22 番ポートのアクセス許可の受信規則を追加する
C. 仮想ネットワークに GatewaySubnet サブネットを作成し、Azure Bastion を作成する
D. 仮想ネットワークに AzureBastionSubnet サブネットを作成し、Azure Bastion を作成する

解説

仮想ネットワークに「踏み台サーバー」を作成すれば、踏み台サーバーを経由して、仮想ネットワーク内の仮想マシンをリモート保守することができます。Azure Bastion を使用すると、この踏み台サーバーを簡単に作成できます。ただし、Azure Bastion を使用するには、仮想ネットワークに「AzureBastionSubnet」という専用のサブネットが必要です。よって、D が正解です。

［答］D

第6章

Azure リソースの監視とバックアップ

クラウドシステムの障害を未然に防ぎ、業務への悪影響を軽減するためには、Azure のリソースの監視およびバックアップを定常的に行うことが重要です。

6.1 Azure Monitor によるリソースの監視

Azure Monitor とは

Azure Monitor は、Azure 全体を監視するサービスであり、Azure ポータルの［モニター］メニューからアクセスできます。Azure Monitor では、Azure のデータセンターから、Azure リソース、仮想マシンのゲスト OS、さらにはアプリケーションまで、エンドツーエンドでの監視が可能です。

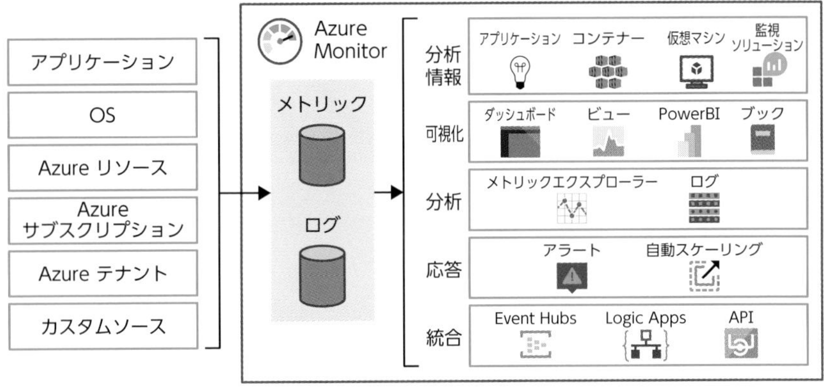

図 6.1-1　Azure Monitor による監視

Azure Monitor で監視できるデータ

Azure Monitor で監視できる主なデータは、ログとメトリックです。ログは、イベントやトレース情報などのテキストデータです。一方、メトリックは、パフォーマンス情報などの数値データです。

ログ

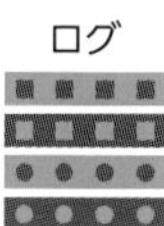

・システム内での操作や状態の変化（イベント）
・発生したイベントを収集
・（例）システムログデータ

メトリック

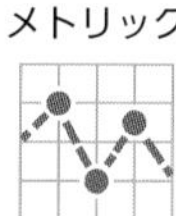

・特定の時点におけるシステムの何らかの側面を表す数値
・一定の間隔で収集
・（例）パフォーマンスデータ

図 6.1-2　ログとメトリック

アクティビティログを監視する

Azure Monitor で監視できるログの 1 つにアクティビティログがあります。アクティビティログには、過去 90 日分の Azure での操作が自動的に記録されており、削除したり、変更したりすることはできません。このアクティビティログを検索し、たとえば「仮想マシンを停止したユーザーは誰か？」や「ストレージを作成したのはいつか？」などをいつでも調査することができます。

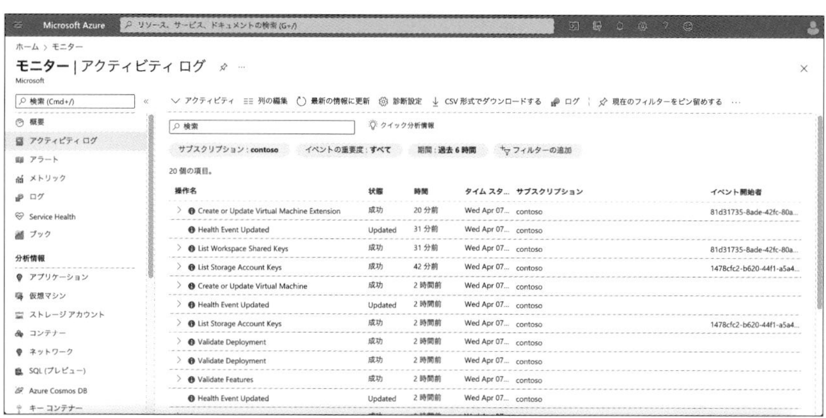

図 6.1-3　アクティビティログ

Azure リソースを監視する

ストレージアカウント、ネットワークインターフェイス、NSG などの一部の Azure リソースには、標準で診断機能が用意されており、これらの Azure リソースに関するログとメトリックを収集することができます。なお、診断機能は既定では無効化されていますが、Azure Monitor の［診断設定］メニューにおいてリソース単位で有効化し、表 6.1-1 に示す宛先へ監視データを送信できます。

表 6.1-1　診断機能による監視データ送信の宛先

宛先	説明
ストレージアカウント	診断データをストレージアカウントに保存（アーカイブ）する。**保存可能なストレージアカウントのリージョンは、そのリソースと同じリージョンに限定される**
Log Analytics ワークスペース	診断データを Azure Log Analytics へ転送し、Azure Log Analytics でデータを分析する
イベントハブ	診断データを外部のツールやサービスへ転送する。診断データを Power BI で可視化したい場合や、オープンソースの監視サービスで分析したい場合に選択する

図 6.1-4　診断設定

仮想マシンのゲストOSを監視する

Azure Monitorでは、仮想マシンのゲストOSであるWindowsまたはLinuxを監視することもできます。具体的には仮想マシンに対応する拡張機能をインストールすることで、ゲストOSのログとメトリックをストレージアカウントに保存できます。この拡張機能には、表6.1-2のものが用意されています。

表6.1-2 仮想マシンのゲストOS監視の拡張機能

拡張機能	説明
Windows Azure Diagnostics (WAD)	Windowsのログとメトリックを保存する
Linux Azure Diagnostics (LAD)	**Linuxのログとメトリックを保存する**
Azure Performance Diagnostics	Windowsのメトリックのみを保存する古いバージョンの拡張機能

6

Azure App ServiceでWebアプリのログを監視する

Azure App ServiceでWebアプリをホストしている場合は、App Serviceログを使用してWebアプリのログを監視することができます。App Serviceログでは、表6.1-3に示すログを収集し、FTPを使用して、それらをダウンロードすることが可能です。

表6.1-3 収集可能なログの種類

ログの種類	説明
アプリケーションログ	Webアプリコードから診断トレースを収集する
Webサーバーログ	**Webサーバーの診断情報（HTTP要求とその応答）を収集する**
詳細なエラーメッセージ	Webアプリから詳細なエラーメッセージを収集する
失敗した要求のトレース	失敗した要求に関する診断情報を収集する

Application InsightsでWebアプリを監視する

Webアプリをより詳細に監視するには、Application Insightsを使用します。Application Insightsは、Webアプリの開発者向けのアプリケーションパフォーマンス管理（APM）サービスです。WebアプリにApplication Insightsのエージェントをインストールすることで、アプリのパフォーマンスや使用状況を監視できます。

監視できるデータの例には以下のものがあります。

- 人気のあるページは、どの時間帯に、どの場所のユーザーからアクセスされているか
- 外部サービスを使用したことによって、応答が遅くなっているかどうか
- スタックトレースと関連する要求は何か

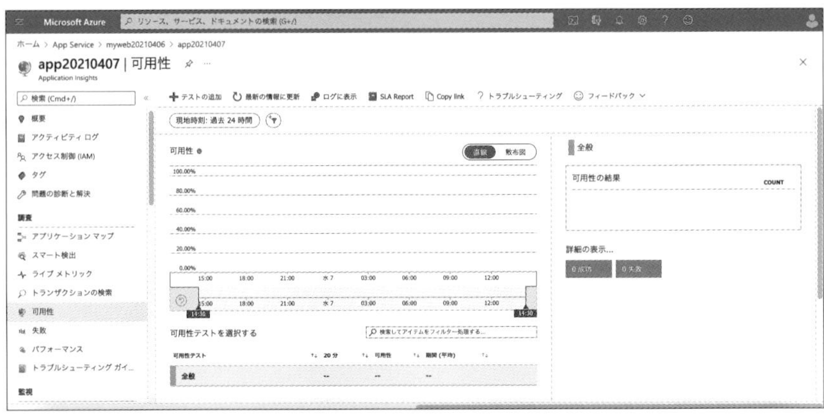

図 6.1-5　Application Insights

Azure Log Analytics とは

Microsoft Azure の監視データを一元的に収集し、分析を行いたい場合は、Azure Log Analytics を使用します。Azure Log Analytics はもともと独立したサービスでしたが、現在は Azure Monitor の一部となっています（そのため、機能が Azure Monitor の診断設定と一部重複しています）。Azure Log Analytics では、ログやメトリックをまとめて収集し、分析することができます。

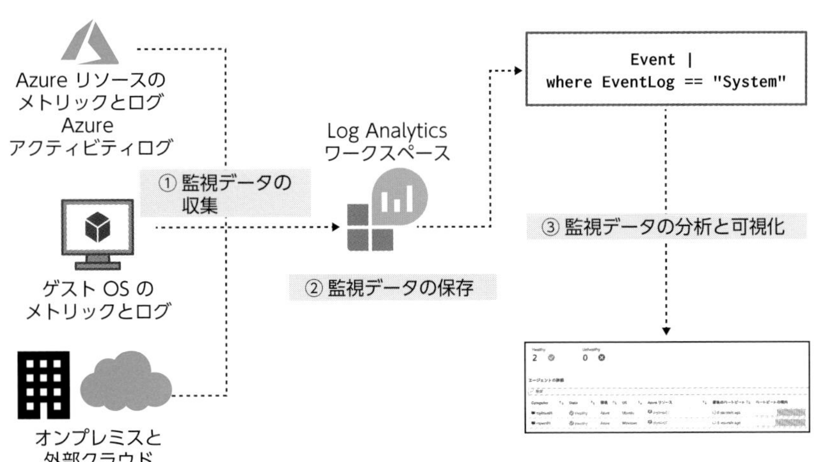

図 6.1-6　Azure Log Analytics のアーキテクチャ

POINT!

現在、Azure Log Analytics は、「Azure Monitor Log」という名称に変更されているが、試験では、従来の名称である Azure Log Analytics で出題されることが多い。

Azure Log Analytics を使用する

Azure Log Analytics で監視を行うには、以下の準備が必要です。

❶ Log Analytics ワークスペースを作成する

Log Analytics ワークスペースは、Azure Log Analytics の監視データを保存しておく場所です。Azure ポータルから、この Log Analytics ワークスペースを作成できます。

図 6.1-7　Log Analytics ワークスペースの作成

❷ データソースを追加する

Log Analytics ワークスペースで収集する監視データをデータソースとして追加します。データソースを追加しなければ、Log Analytics は何も収集しません。データソースとして、アクティビティログや Azure リソースの監視設定などを指定できます。

図 6.1-8　アクティビティログの追加

❸ コンピューターにエージェントをインストールする

Windows や Linux コンピューターの監視データを Log Analytics ワークスペースに収集したい場合は、**これらの OS に Azure Monitor エージェント（旧 Log Analytics エージェント）をインストールします。** Azure Monitor

エージェントには、Windows用とLinux用があります。なお、このエージェントは、Azure仮想マシンだけではなく、オンプレミスの物理サーバーや他のクラウドの仮想マシンにもインストールできるので、ハイブリッド環境をまとめて監視することが可能です。

図6.1-9 Azure Monitorエージェントのインストール

POINT!

仮想マシンにインストール可能なAzure Monitorエージェントと、Windows Azure Diagnostics（WAD）やLinux Azure Diagnostics（LAD）を区別すること。WADやLADは、診断データをストレージアカウントに保存する。一方、Azure Monitorエージェントは、Log Analyticsワークスペースへ診断データを転送する。また、WADやLADは拡張機能であるが、**Azure Monitorエージェントは拡張機能ではなくアプリである。**なお、Azure MonitorエージェントとWADやLADは仮想マシン内で共存させることもできる。

❹ 収集するOSの監視データを選択する

コンピューターにAzure Monitorエージェントをインストールした場合、収集したいデータの種類を選択する必要があります。OSがWindowsであれば、システムログやIISログ、Windowsパフォーマンスカウンターなどを収集できます。Linuxであれば、SyslogやLinuxパフォーマンスカウンターなどを収集できます。なお、Apacheのログなど、テキストファイル形式のログも、カスタムログとして自由に収集することが可能です。

図 6.1-10　Windows のパフォーマンスカウンターの収集

Azure Log Analytics で監視データを検索する

Azure Log Analytics では、収集した監視データをすべてテーブル形式で保管します。なお、監視データは標準で 30 日、最長で 730 日まで保管できます。主なテーブルは表 6.1-4 のとおりです。

表 6.1-4　監視データの保管に用いられる主なテーブル

テーブル名	説明
Event	Windows のイベントログを保管する
Syslog	Linux の Syslog を保管する
Perf	Windows と Linux のパフォーマンスカウンターを保管する
AzureActivity	Azure のアクティビティログを保管する
AzureMetrics	Azure リソースの監視データを保管する

Azure Log Analytics の最大の特徴は、Azure ポータルで直接、監視データを分析できることです。Azure Log Analytics では、Kusto Query Language（KQL）を使用して、テーブルの監視データを検索したり、フィルタリングや分析を行うことができます。KQL は、SQL よりもシンプルなクエリ言語です。KQL によるクエリの例を次に示します。

（例 1）イベントログのすべてのイベントを検索する

```
Event
```

（例 2）イベントログから error の文字を含むイベントだけを検索する

```
Event | search "error"
```

（例 3）イベントログからログの種類が Windows システムログのイベントだけを検索する

```
Event | where EventLog == "System"
```

KQL には、いくつかの記述方法があります。たとえば、「（例 2）イベントログから error の文字を含むイベントだけを検索する」は以下のように記述することもできます。

（例 4）イベントログから error の文字を含むイベントだけを検索する（別の記述方法）

```
search in (Event) "error"
```

図 6.1-11　Azure Log Analytics による検索

Azure Monitor ブックとは

Azure Monitor の新しい機能であるブックを使えば、Azure Monitor や Azure Log Analytics が収集した監視データから、グラフィカルなレポートを作成することができます。ユーザーは、自分でブックを作成できる他、ギャラリーに用意されたサンプルのブックを利用することもできます。

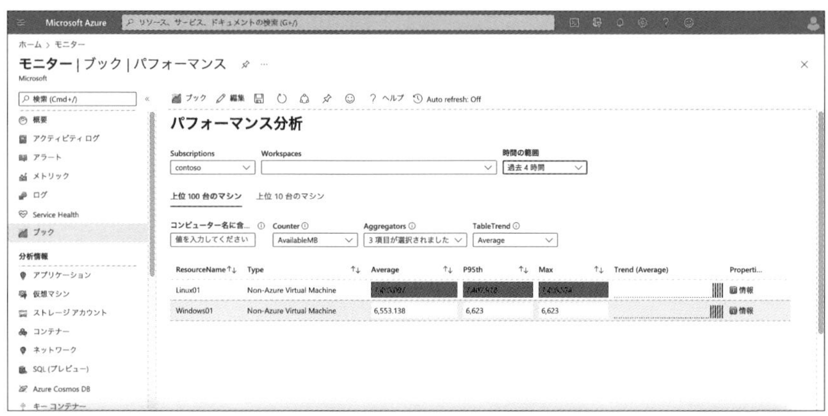

図 6.1-12　Azure Monitor ブック

Azure Monitor アラートとは

Azure Monitor アラートは、監視データを評価し、その結果にもとづいてアラートを発行する機能です。Azure Monitor アラートを構成することで、「誰かがストレージアカウントを削除したら、電子メールで管理者へ連絡する」、「仮想マシンの空きメモリが 256MB 以下になったら、その仮想マシンを再起動する」などの実務的なアクションを自動実行できます。

Azure Monitor アラートを構成する

Azure Monitor アラートは、アラートルールとアクショングループの組み合わせで構成されます。

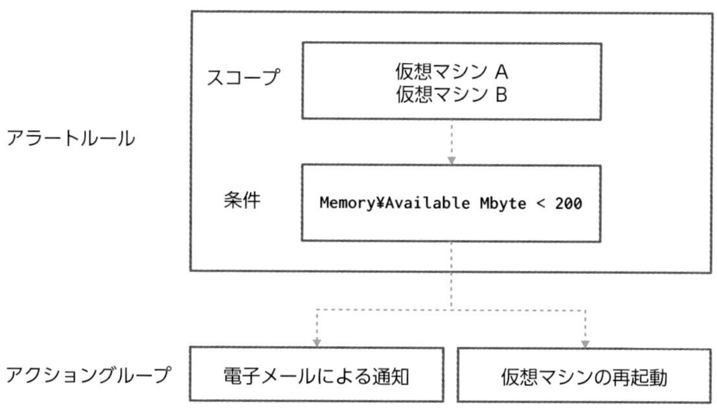

図6.1-13　Azure Monitorアラートの構成

アラートルール

アラートを生成する際の条件を、アラートルールと呼びます。条件には、Azure Monitorや Azure Log Analyticsの監視データを使用できます。

アクショングループ

アラートが生成されたときに自動的に実行されるアクションが、アクショングループです。アクショングループでは、表6.1-5に示す種類のアクションを構成可能です。

表6.1-5　アクショングループのアクション

種類	説明
通知	電子メール、SMS、音声、Azureアプリで通知する
Azure Resource Managerのロールへのメール	所有者、共同作成者、監視閲覧者などのRBACのロールが割り当てられたユーザーに電子メールで通知する。ただし、**ロールの割り当て先がアプリ（マネージドID）の場合、アプリへは通知されない**
Automation Runbook	Azure AutomationのRunbook（PowerShellスクリプト）を実行する。仮想マシンの再起動などのいくつかのRunbookがあらかじめ用意されている
Azure Function	Azure Functionの関数アプリを実行する
ITSM	ITサービスマネージメントツール（ITSM）へ通知する。**たとえば、マイクロソフト社のITSMであるMicrosoft System Center Service Managerへ通知できる**
ロジックアプリ	Azure Logic Appsのロジックアプリを実行する
Webhook	HTTPを使用して外部サービスへ通知する

各アラートルールでは、1 つの条件のみを指定できます。一方、各アクショングループでは、複数のアクションを指定できます。 たとえば、5 つのメトリックのしきい値を条件に、3 つの電子メールアドレスへ通知を行いたい場合、アラートルールは 5 つ必要ですが、アクショングループは 1 つあれば済みます。

レート制限とは

Azure Monitor では、大量のアラートが発生した際、管理者へ大量のメールが送信されて混乱が起きないように、その通知を一時的に制限することができます。これを「レート制限」といいます。レート制限は、電子メール、SMS、音声による通知のみに適用されます。

表 6.1-6　レート制限

種類	レート制限
電子メール	1 時間で 100 件以下
SMS	5 分間で 1 件以下（1 時間で 12 件以下）
音声	5 分間で 1 件以下（1 時間で 12 件以下）

たとえば、1 時間に 100 件を超えるアラートが発生した場合でも、電子メールは 100 件まで、SMS と音声は 12 件までしか送信されません。

6.2 バックアップと復元の実装

Azure Backup とは

Azure Backup は、その名前のとおり、Azure を活用したクラウドバックアップサービスです。クラウドとオンプレミスの両方に対応した以下のバックアップ対象のデータを、Azure ポータルから簡単な操作で Azure へバックアップすることが可能です。

6

表 6.2-1　Azure Backup によるバックアップ対象

バックアップ対象	説明
ファイル、フォルダ	Windows コンピューターのファイルとフォルダをバックアップする。Linux や Mac コンピューターには対応しない
Azure 仮想マシン	Azure 仮想マシンをバックアップする。Windows と Linux の仮想マシンに対応する
Azure ファイル共有	ストレージアカウントの Azure ファイル共有をバックアップする。なお、**ストレージアカウントの Blob、テーブル、キューのバックアップには対応していない**
Azure 仮想マシン内の SQL Server	Azure 仮想マシン内の Microsoft SQL Server のデータベースをバックアップする
Azure 仮想マシン内の SAP HANA	Azure 仮想マシン内の SAP HANA のデータベースをバックアップする
Azure Stack	ハイブリッドクラウド環境の Azure Stack のファイル、フォルダ、SQL Server、SharePoint、システム状態をバックアップする
オンプレミス	オンプレミスの Windows のファイル、フォルダ、SQL Server、SharePoint、Exchange Server、システム状態、ベアメタル回復環境、Hyper-V 仮想マシン、VMware 仮想マシンをバックアップする

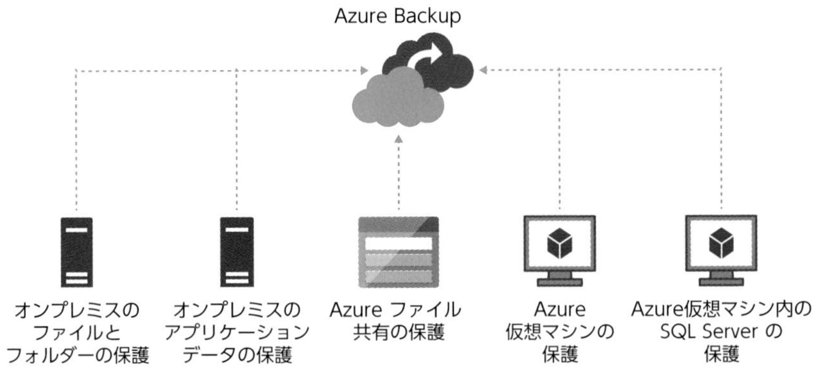

図 6.2-1　Azure Backup によるバックアップ

Azure Backup でファイルとフォルダをバックアップする

Windows コンピューターに Azure Backup エージェントをインストールすれば、そのコンピューターの任意のファイルとフォルダをバックアップできます。Azure Backup エージェントは、Windows コンピューターであれば、オンプレミスのコンピューターや他のクラウドサービスの仮想マシンでも（もちろん、Azure 仮想マシンでも）インストール可能です。

Azure Backup で Azure 仮想マシンをバックアップする

Azure ポータルからの簡単な操作で、Azure 仮想マシンをバックアップできます。なお、**バックアップはディスクレベルで行われるため、Windows、Linux のいずれの仮想マシンもバックアップ可能です。** Azure Backup による仮想マシンのバックアップ手順は、以下のとおりです。

❶ **Recovery Services コンテナーを作成する**

まず初めに、バックアップデータが格納される Recovery Services コンテナーを作成します。**このコンテナーは、バックアップするリソースと同じリージョンに作成する必要があります。**

図 6.2-2　Recovery Services コンテナーの作成

POINT!

Azure Backup のバックアップデータは、ストレージアカウントではなく、Recovery Services コンテナーに保存される点に注意する。

❷ バックアップポリシーを構成する

Azure Backup におけるバックアップの動作は、バックアップポリシーで構成します。バックアップポリシーは、バックアップの頻度と時刻（たとえば、毎日 17：00）、バックアップデータを Recovery Services コンテナーに保持する期間などを指定するものです。なお、**保持する期間については、毎日、毎週、毎月、毎年の各タイミングで指定できます。**たとえば、毎日のバックアップを 10 日間分保持し、それとは別に毎月 1 日のバックアップのみを 10 か月分、保持することができます。

図 6.2-3　バックアップポリシーの構成

❸ Azure 仮想マシンを選択する

バックアップする Azure 仮想マシンを選択します。複数の仮想マシンをまとめて選択することもできます。

なお、1 台の Azure 仮想マシンを複数の Recovery Services コンテナーでバックアップすることはできません。すでに Azure 仮想マシンが Recovery Services コンテナーでバックアップされている場合、別の Recovery Services コンテナーでバックアップするには、いったん、**仮想マシンのバックアップを停止し、新しい Recovery Services コンテナーでバックアップを構成し直す必要があります。**

❹ Azure 仮想マシンをバックアップする

Azure Backup は、バックアップポリシーのスケジュールに従い、Azure 仮想マシンを定期的にバックアップします。**Azure 仮想マシンの状態が実行中でも停止中でもバックアップは可能です。**

Azure Backup で Azure 仮想マシンまたはファイルを回復する

Azure Backup による Azure 仮想マシンのバックアップは、仮想マシン単位で行いますが、回復（復元）は、仮想マシン単位だけではなくファイル単位でも行えます。**仮想マシン単位の回復では、同じ仮想マシンまたは新しい仮想マシンへ回復できます。一方、ファイル単位の回復では、オンプレミスのコンピューターも含め、イン**

ターネットに接続された任意のコンピューターへ回復できます。たとえば、Linux 仮想マシンのファイルを Windows 物理サーバーへ回復することもできます。

Azure Backup でバックアップデータからファイルを回復する手順を以下に紹介します。

❶ Recovery Services コンテナーを選択する

バックアップデータを含む Recovery Services コンテナーを選択します。

❷ 回復ポイントを選択する

Recovery Services コンテナーには、バックアップポリシーにもとづき、複数のバックアップデータが含まれています。その中から、回復したい日時のバックアップデータを回復ポイントとして選択します。

❸ スクリプトをダウンロードする

Azure Backup では、仮想マシンをディスク単位でバックアップしているため、回復を行うコンピューターには、バックアップされたディスクをマウントする必要があります。マウントの操作は、あらかじめスクリプトが用意されているため、スクリプトをダウンロードして実行するだけです。

❹ ファイルを回復する

スクリプトを実行したことで、マウントされたディスクはローカルディスクと同様に操作できます。たとえば Windows コンピューターであれば、Windows エクスプローラーで、マウントされたディスク内から回復したいファイルをローカルディスクへドラッグアンドドロップでコピーすることで完了します。

POINT!

Azure Backup による Azure 仮想マシンのファイル回復手順をしっかり押さえること。

インスタント回復スナップショットで回復する

Azure Backup による Azure 仮想マシンのバックアップでは、まず、Azure 仮想マシンのスナップショットがローカルに作成され、次にそのスナップショットが Recovery Services コンテナーへ転送され、最後にスナップショットが削除されます。オプションのインスタント回復スナップショットを有効にすると、ローカルのスナップショットをいきなり削除せず、指定した日数だけ、保持することができます。これにより、Azure 仮想マシンを回復する際、ローカルのスナップショットが利用できれば、Recovery Services コンテナーからスナップショットを取得する必要がなくなり、迅速な回復が可能となります。

Azure Backup を監視する

Azure Backup の各種ログは、Recovery Services コンテナーの［診断設定］ブレードからストレージアカウントへ保存（アーカイブ）したり、Log Analytics で監視したりすることが可能です。なお、**ストレージアカウントへ保存する場合、Recovery Services コンテナーとストレージアカウントのリージョンは同じにする必要があります。Log Analytics で監視する場合は、任意のリージョンの Log Analytics ワークスペースを使用できます。**そのため、複数のリージョンの Azure Backup を一元的に監視するには、Log Analytics が便利です。

不要となったバックアップを削除する

不要となったバックアップは、Recovery Services コンテナーごと削除できます。ただし、バックアップで使用中の Recovery Services コンテナーは、いきなり削除できないようにロックされており、無理に削除しようとすると失敗します。**事前に Azure Backup のバックアップを停止すれば、Recovery Services コンテナーを削除することができます。**

POINT!

使用中のRecovery Servicesコンテナーを含むリソースグループを削除する場合も、いきなりリソースグループを削除しようとすると失敗するため、まず、Azure Backupのバックアップを停止する必要がある。

Azure Site Recoveryとは

Azure Site Recoveryは、データをレプリケーション（複製）するサービスです。Azure Site Recoveryには図6.2-4のようにいくつかのレプリケーションシナリオがありますが、代表的なシナリオとして、Azure仮想マシンの災害対策（Azure仮想マシン間）があります。Azure Site Recoveryは、Azure仮想マシンを異なるリージョンにレプリケーションでき、災害時には、リージョンを切り替えてAzure仮想マシンの運用を継続できます。

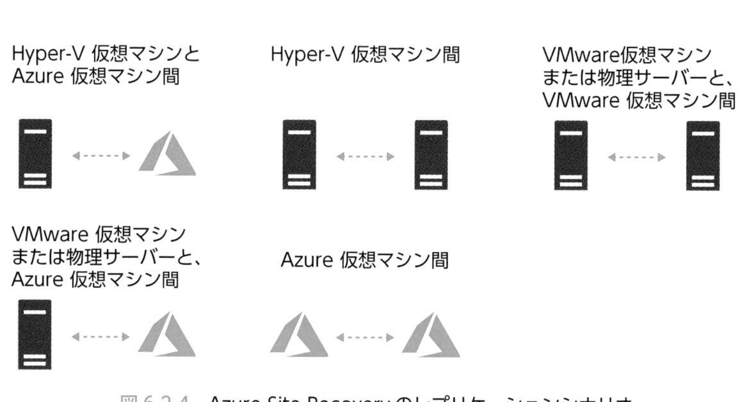

図6.2-4　Azure Site Recoveryのレプリケーションシナリオ

Azure Site RecoveryでAzure仮想マシンをレプリケーションする

Azure Site RecoveryによるAzure仮想マシンのレプリケーションでは、ソース（レプリケーション元）リージョンのAzure仮想マシンを、ターゲット（レプリケーション先）リージョンへレプリケーションします。その手順は次のとおりです。

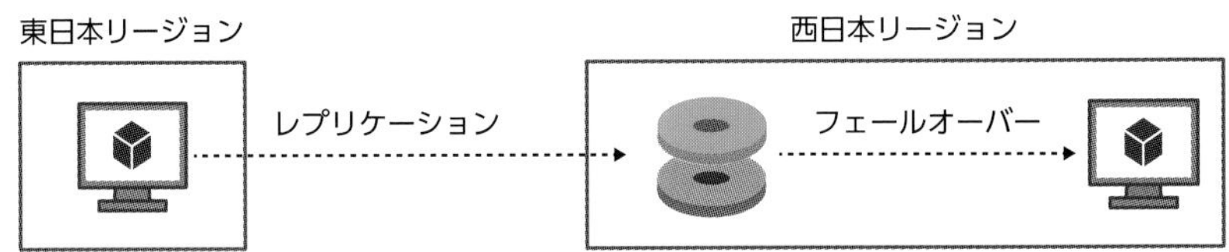

図 6.2-5　Azure Site Recovery による Azure 仮想マシンの保護

❶ Recovery Services コンテナーを作成する

Azure Backup と同様に、まず初めに Recovery Services コンテナーを作成します。ただし、Azure Backup とは異なり、Recovery Services コンテナーは、ソースの Azure 仮想マシンのリージョンではなく、別のリージョンに作成する必要があります。

❷ 仮想マシンを選択する

ソース（レプリケーション元）になる Azure 仮想マシンを選択します。Azure Site Recovery では、Windows および Linux の Azure 仮想マシンのレプリケーションをサポートしています。

図 6.2-6　仮想マシンの選択

❸ レプリケーションを構成する

ターゲット（レプリケーション先）のリージョンと環境を指定します。Azure

Site Recoveryでは、仮想マシンのディスクのみをレプリケーションするため、仮想ネットワークなどのリソースはターゲットのリージョンに別途、作成する必要があります。また、レプリケーションポリシーも構成します。レプリケーションポリシーでは、レプリケーションデータの保持期間などを指定します。

図 6.2-7　レプリケーションの構成

❹ 仮想マシンをレプリケーションする

仮想マシンのレプリケーションの構成が完了すれば、Azure Site Recoveryにより、リージョン間でのレプリケーションが継続的に行われます。

Azure Site Recovery で Azure 仮想マシンをフェールオーバーする

Azure Site Recoveryによる Azure仮想マシンのレプリケーションでは、仮想マシン全体ではなく、仮想マシンのディスクのみがレプリケーションされます。そのため、正常時はターゲットのリージョンにAzure仮想マシンは存在しません。Azure仮想マシンのフェールオーバーを実行することで、ターゲットのリージョンにレプリケーションされたディスクを使用して、新しいAzure仮想マシンが自動的に作成されます。

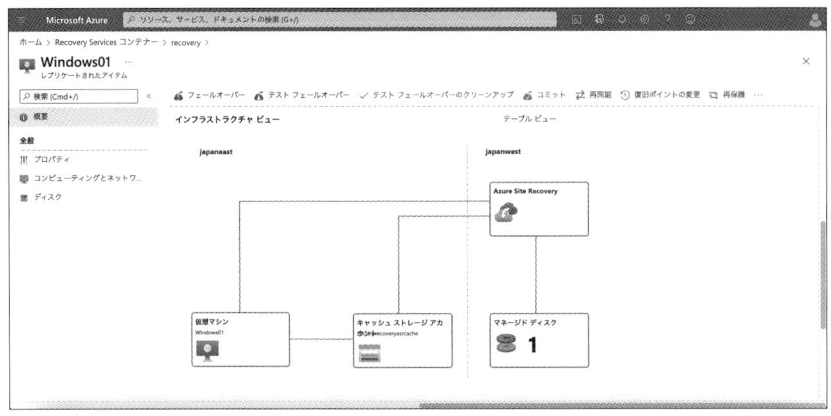

図 6.2-8　Azure 仮想マシンのフェールオーバー

復旧計画を作成する

Azure 仮想マシンのフェールオーバーは、単純な作業とは限りません。システムによっては、複数の仮想マシンを適切な順番でフェールオーバーしなければならなかったり、組織によっては、上司の承認が必要になったりします。

このような複雑なフェールオーバー作業を、専任の管理者だけではなく誰でも実行できるようにするため、Azure Site Recovery には復旧計画が用意されています。復旧計画は、Azure Site Recovery によるフェールオーバーのワークフローを作成する機能です。この機能を使用して、たとえば、フェールオーバーする複数の仮想マシンの順番を決定したり、フェールオーバーの前後でスクリプトを自動実行したり、手動で行うべき手順を表示したりすることができます。復旧計画を作成しておけば、災害時、専任の管理者が不在でもフェールオーバーを確実に実行できるようになります。

Microsoft Azure
リソース、サービス、ドキュメントの検索 (G+/)
ホーム > Recovery Services コンテナー > recovery > myrecpvery >
myrecpvery
復旧計画
グループ
保存
破棄
グループの変更
この復旧プランには 1 台のマシンが含まれています。最大で 100 件の保護されたインスタンスを復旧プランに追加できます。詳細を表示。
ステージ名
詳細
すべてのグループをシャットダウン: 事前ステップ
1 ステップ
手動: 上司の承認
手動操作
すべてのグループをシャットダウン
2 個のグループ内に 1 台のマシン。
全グループのフェールオーバー
マシン
1 台のマシン
Windows01
コンピューター
レプリケーション グループ
0 個のレプリケーション グループ
グループ 1: 開始
1 台のマシン
Windows01
コンピューター
グループ 2: 開始
0 台のマシン

図 6.2-9　復旧計画

6

章末問題

Q1 あなたは、Azure Backup を使用して、Azure Storage をバックアップする予定です。バックアップ可能な Azure Storage のデータサービスとして適切なものを 1 つ選択してください。

A. Blob
B. ファイル共有
C. キュー
D. テーブル

解説

Azure Backup を使用した Azure Storage のバックアップでサポートされるのは、ファイル共有のみです。Blob、キュー、テーブルはサポートされません。よって、B が正解です。

［答］B

Q2 あなたは、Azure Backup により Azure 仮想マシンをバックアップすることを計画しています。次の仮想マシンのうちバックアップ可能なものを選択してください。

仮想マシン	OS
VM1	Windows Server 2016
VM2	Windows Server 2019
VM3	CentOS 6.3
VM4	Ubuntu 14.04

A. VM1
B. VM1、VM2
C. VM3、VM4
D. VM1、VM2、VM3、VM4

解説

Azure Backupによる仮想マシンのバックアップでは、仮想マシンのディスクをまるごとバックアップします。そのため、仮想マシンのゲストOSに依存せず、WindowsでもLinuxでもバックアップ可能です。よって、Dが正解です。

[答] D

Q3 あなたは、Azure Backupによるバックアップタスクを監視する予定です。次のVault1のログをストレージアカウントにアーカイブし、Azure Log Analyticsでも分析したいと考えています。利用可能なストレージアカウントとLog Analyticsワークスペースを選択してください。

名前	種類	リージョン
Vault1	Recovery Services コンテナー	西ヨーロッパ
storage1	ストレージアカウント	西ヨーロッパ
storage2	ストレージアカウント	米国西部
storage3	ストレージアカウント	米国東部
Analytics1	Log Analytics ワークスペース	西ヨーロッパ
Analytics2	Log Analytics ワークスペース	米国西部
Analytics3	Log Analytics ワークスペース	米国東部

[利用可能なストレージアカウント]

A. storage1

B. storage2

C. storage3

D. storage1、storage2、storage3

[利用可能なLog Analyticsワークスペース]

E. Analytics1

F. Analytics2

G. Analytics3

H. Analytics1、Analytics2、Analytics3

6

解説

Recovery ServicesコンテナーVault1のログ（リソースログ）は、同じリージョンのストレージアカウントにのみアーカイブ可能です。ただし、Log Analyticsによる分析では、このようなリージョンの制限はありません。よって、AとHが正解です。

[答] A、H

Q4 あなたは、Azure Backupを使用して、仮想マシンVM1のバックアップを構成しました。ただし、仮想マシンVM1にAzure Backupエージェントはインストールされていません。VM1の仮想マシンレベルまたはファイルレベルの回復を行う場合、どこへ回復できますか？

[仮想マシンレベルの回復]

A. VM1
B. VM1またはAzure仮想マシン
C. インターネットに接続されたコンピューター

[ファイルレベルの回復]

D. VM1
E. VM1またはAzure仮想マシン
F. インターネットに接続されたコンピューター

解説

VM1にはAzure Backupエージェントがインストールされていないので、Azure Backupのファイルまたはフォルダレベルのバックアップではなく、仮想マシンレベルのバックアップが行われているものと解釈できます。

仮想マシンレベルのバックアップが行われている場合、仮想マシンレベルの回復については、VM1または別の仮想マシンに回復できます。また、ファイルレベルの回復については、インターネットに接続されたコンピューターであれば、バックアップされたVM1のディスクボリュームをマウントし、回復できます。よって、BとFが正解です。

[答] B、F

Q5 あなたは、Azure Backupを使用して、Azure仮想マシンVM1、VM2をバックアップする予定です。バックアップは、毎日22:00に実行されます。VM1のOSは、Ubuntu 18.04 LTSです。また、VM2のOSはWindows Server 2016で、毎日20:00に自動シャットダウンします。バックアップ可能な仮想マシンを選択してください。

A. VM1
B. VM2
C. VM1とVM2
D. 仮想マシンはバックアップできない

解説

Azure BackupによるAzure仮想マシンのバックアップは、Azure仮想マシンのディスクをバックアップするため、ゲストOSに依存しません。また、Azure仮想マシンが実行中でも停止中でもバックアップは可能です。よって、Cが正解です。

[答] C

Q6 あなたは、Azure仮想マシンの監視を予定しています。仮想マシンのWindowsイベントログにエラーが記録された場合に特定の管理者へ通知を行うアラートルールを作成します。アラートルールでは、どのソースを条件として使用しますか？

A. 仮想マシン
B. 診断機能
C. メトリック
D. Log Analyticsワークスペース

解説

Windowsイベントログを監視する方法には、拡張機能（Windows Azure Diagnostics）とLog Analyticsがあります。Windows Azure Diagnosticsは、ログを収集するだけで分析することはできません。一方、Log Analyticsは、ログの収集と分析が可能です。そのため、分析結果にもとづいてAzureアラートで通知を行うには、Log Analytics が必要です。よって、D が正解です。

[答] D

Q7 あなたは、Azure Backup による Azure 仮想マシンのバックアップをテストしました。テストが完了したため、テストで使用した Recovery Services コンテナーを削除しようと試みると、削除が失敗します。どうすれば、Recovery Services コンテナーを削除できますか？

A. 仮想マシンのバックアップを停止する
B. 仮想マシンをフェールオーバーする
C. Recovery Services コンテナーのバックアップデータを削除する
D. Recovery Services コンテナーのロックを削除する

解説

実行中のバックアップタスクがある場合、Recovery Services コンテナーの削除は失敗します。これは、誤操作によるバックアップデータの損失を防ぐためです。Recovery Services コンテナーを削除するには、あらかじめ実行中のバックアップタスクを停止する必要があります。よって、A が正解です。

[答] A

Q8 あなたは、Linux がインストールされた Azure 仮想マシン VM1 のログとメトリックを監視する予定です。VM1 にインストールすべき拡張機能は何ですか？

A. Azure Application Insights
B. Windows Azure Diagnostics (WAD)
C. Linux Azure Diagnostics (LAD)
D. Azure Performance Diagnostics

解説

Azure 仮想マシンのログとメトリックを監視するには、仮想マシンのゲスト OS に合わせた拡張機能をインストールします。Windows の場合は Windows Azure

Diagnostics（WAD）拡張機能、Linuxの場合はLinux Azure Diagnostics（LAD）拡張機能をそれぞれインストールします。よって、Cが正解です。なお、DのAzure Performance Diagnostics拡張機能は、Windows専用の古いバージョンの拡張機能であり、現在、使用は推奨されていません。

［答］C

Q9 あなたは、Azure MonitorでAzureリソースを監視しています。Azure Monitorアラートにより、1時間に200件のアラートが発生しました。このアラートに関して、あなたが受け取る電子メールの件数はいくつですか？

A. 12
B. 50
C. 100
D. 200

解説

Azure Monitorアラートのレート制限では、アラートによる通知数を自動的に抑制します。電子メールによる通知の場合、1時間に最大100件までしか送信しません。よって、Cが正解です。

［答］C

Q10 あなたは、仮想マシンの災害対策として、Azure Site Recoveryによるリージョン間のフェールオーバーを計画しています。通常は専任の管理者がフェールオーバーを実施しますが、災害時には、適切なトレーニングを受けていないユーザーがフェールオーバーを実施する可能性があります。どのような対策をとりますか？

A. 自動フェールオーバーを有効化する
B. 復旧計画を作成する
C. テストフェールオーバーを実施する
D. フェールオーバーをコミットする

解説

適切なトレーニングを受けていないユーザーが Azure Site Recovery のフェールオーバーを実施できるように、あらかじめ復旧計画を作成しておきます。復旧計画では、仮想マシンのシャットダウン、フェールオーバー、開始のタイミングを制御し、これらのタイミングの前後でカスタムスクリプトを実行したり、手動のタスクを表示したりすることができます。これにより、ユーザーはワンクリックで確実なフェールオーバーを実施できます。よって、B が正解です。

［答］B

第 7 章

模擬試験

本章は、実際の認定試験に近い形の模擬試験です。一つ一つの問題にじっくり取り組んで、自分の実力と弱点を確認しましょう。

7.1 模擬試験問題

Q1 あなたは、仮想マシンをデプロイする ARM テンプレートを作成し、ライブラリに保存しました。ライブラリの ARM テンプレートを使用してデプロイする際に必須のパラメーターは何ですか？

A. リソースグループ
B. 管理者ユーザー名
C. 仮想マシンのサイズ
D. OS の種類

Q2 あなたは、仮想ネットワーク VNet1 とオンプレミスネットワークを接続するため、ポリシーベースの仮想ネットワークゲートウェイ GW1 をデプロイし、サイト間接続を構成しました。さらに、VNet1 と単体のコンピューターを接続するために、ポイント対サイト接続も構成したいと考えています。適切な操作を 2 つ選択してください。

A. GW1 をリセットする
B. GW1 を削除する
C. GW1 の VPN の種類をルートベースに変更する
D. GW1 のゲートウェイの種類を VPN に変更する
E. ルートベースの仮想ネットワークゲートウェイを作成する

Q3 あなたの会社には、Windows Server 2019 を実行するオンプレミスファイルサーバーServer1 があります。Server1 と Azure ファイル共有を Azure ファイル同期サービスで同期する予定です。あなたは、Azure ファイル同期サービスをデプロイし、同期グループを作成しました。次に何を

すべきですか？適切な手順を 3 つ選択し、正しい順番に並べてください。

A. サーバーエンドポイントを追加する
B. Recovery Services コンテナーを作成する
C. Server1 を登録する
D. オンプレミスデータゲートウェイを作成する
E. Server1 に Azure ファイル同期エージェントをインストールする
F. Server1 に DFS レプリケーションサービスをインストールする

Q4 あなたは、Azure Container Instances のコンテナーContainer1 を作成する予定です。Container1 には、Docker イメージ Image1 を使用します。なお、Image1 には、永続ストレージを必要とする Microsoft SQL Server インスタンスが含まれます。Container1 のストレージサービスとして、何を使うべきですか？

A. Azure Storage の Blob ストレージ
B. Azure Storage のファイルストレージ
C. Azure Storage のテーブルストレージ
D. Azure Storage のキューストレージ

Q5 あなたの会社は、以下のリソースを含む Azure AD テナント contoso.onmicrosoft.com を所有しています。ユーザーUser1 は、新しい Azure AD テナントとして external.contoso.onmicrosoft.com を作成しました。この新しい Azure AD テナントでユーザーを作成できるのは誰ですか？

名前	ロール	スコープ
User1	グローバル管理者	Azure AD
User2	グローバル管理者	Azure AD
User3	ユーザー管理者	Azure AD
User4	所有者	Azure サブスクリプション

（選択肢は次ページに続きます。）

A. User1
B. User2
C. User3
D. User4
E. User1、User2
F. User1、User2、User4
G. User1、User2、User3、User4

Q6 あなたは、仮想マシンの Web サーバーへの負荷を分散するため、Azure ロードバランサーをデプロイする予定です。ただし、同じクライアントからのリクエストに対しては、同じ Web サーバーがサービスを提供する必要があります。適切なロードバランサーのオプションを 1 つ選択してください。

A. フローティング IP
B. セッション永続化
C. 正常性プローブ
D. アイドルタイムアウト

Q7 あなたは、同じ Web アプリ App1 を実行する仮想マシン VM1 と VM2 のデプロイを計画しています。Azure データセンターで VM1 と VM2 をホストするハードウェアの計画メンテナンス時においても、Web アプリを停止しないようにするため、可用性セットを使用します。可用性セットの最適なオプションを 1 つ選択してください。

A. 1 つの更新ドメイン
B. 2 つの更新ドメイン
C. 1 つの障害ドメイン
D. 2 つの障害ドメイン

Q8 あなたは、Azure App Service の Web アプリ App1 の監視を計画しています。App1 の開発者に対して、Web アプリをホストする Web サー

バーのログを提供したい場合、どのような設定を行いますか？

A. App1 のアプリケーションログを有効にする
B. App1 の Web サーバーログを有効にする
C. App1 の詳細なエラーメッセージを有効にする
D. App1 の失敗した要求のトレースを有効にする

Q9 あなたは、ユーザーUser1 に対して、Azure AD テナントのユーザー管理者のロールを割り当てる予定です。Azure ポータルの［Azure Active Directory］メニューで何をすべきですか？

A. ［ロールと管理者］ブレードからロールを割り当てる
B. ［ライセンス］ブレードからロールを割り当てる
C. ［グループ］ブレードからロールを割り当てる
D. ［管理単位］ブレードからロールを割り当てる

Q10 あなたは、仮想マシン VM1 に Web サーバーと DNS サーバーをインストールし、構成しました。また、VM1 が接続されたサブネットに、以下の図に示すネットワークセキュリティグループを構成しました。インターネットユーザーが VM1 へアクセスした場合の動作として適切なものを選択してください。

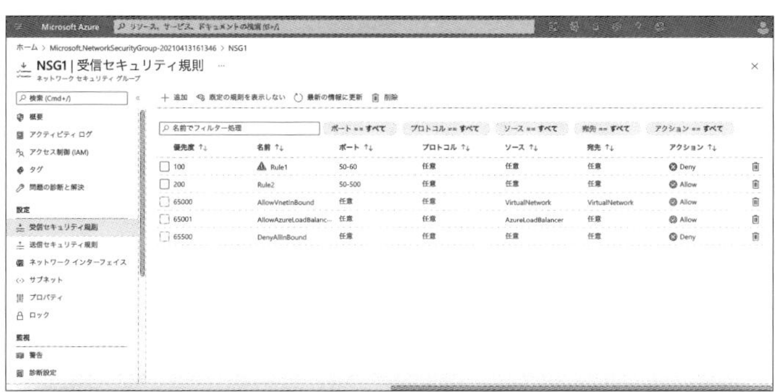

（選択肢は次ページに続きます。）

［インターネットユーザーの動作］

A. DNS サーバーのみにアクセスできる
B. Web サーバーのみにアクセスできる
C. DNS サーバーと Web サーバーにアクセスできる
D. DNS サーバーと Web サーバーにはアクセスできない

［Rule1 を削除した場合のインターネットユーザーの動作］

E. DNS サーバーのみにアクセスできる
F. Web サーバーのみにアクセスできる
G. DNS サーバーと Web サーバーにアクセスできる
H. DNS サーバーと Web サーバーにはアクセスできない

Q11 あなたは、可用性の高いストレージの導入を計画しています。データは、複数の場所に同期的にコピーされ、リージョン内の単一データセンターで障害が発生しても、引き続きアクセスできる必要があります。また、コストは最小限に抑える必要があります。適切なストレージアカウントの種類とレプリケーションの組み合わせを 1 つ選択してください。

A. 種類：BlobStorage ／レプリケーション：LRS
B. 種類：汎用 v1 Storage ／ レプリケーション：ZRS
C. 種類：汎用 v1 Storage ／ レプリケーション：GRS
D. 種類：汎用 v2 Storage ／ レプリケーション：RA-GRS
E. 種類：汎用 v2 Storage ／ レプリケーション：ZRS
F. 種類：汎用 v2 Storage ／ レプリケーション：GRS

Q12 あなたは、以前 ARM テンプレートでデプロイしたリソースの作成日時を確認したいと考えています。Azure ポータルで何をすべきですか？

A. リソースグループの［デプロイ］ブレードを表示する
B. リソースグループの［自動化スクリプト］ブレードを表示する
C. リソースグループの［プログラムによる展開］ブレードを表示する

D. サブスクリプションの［プログラムによる展開］ブレードを表示する

Q13 あなたの会社は、Azure AD テナントと Microsoft 365 テナントを所有しています。あなたは、ユーザーUser1、User2、User3 を含むグループを作成する予定です。なお、このグループは 180 日後に自動的に削除される必要があります。適切なグループの種類を 2 つ選択してください。

A. 割り当て済みメンバーシップのセキュリティグループ
B. 動的メンバーシップのセキュリティグループ
C. 割り当て済みメンバーシップの Microsoft 365 グループ
D. 動的メンバーシップの Microsoft 365 グループ

Q14 あなたは、Azure DNS のプライベート DNS ゾーン contoso.com を作成し、仮想ネットワーク VNet1 からの自動登録を許可する予定です。VNet1 には、以下の表に示すように 2 台の Windows Server ベースの仮想マシン VM1 と VM2 があります。

仮想マシン名	パブリック IP アドレス	Windows Server の DNS サフィックス
VM1	無	contoso.com
VM2	有	adatum.com

Azure DNS のプライベート DNS ゾーンに追加される A レコードを選択してください。

A. VM1 のプライベート IP アドレスのみ
B. VM2 のプライベート IP アドレスのみ
C. VM1 のプライベート IP アドレスとパブリック IP アドレス
D. VM2 のプライベート IP アドレスとパブリック IP アドレス
E. VM1 と VM2 のプライベート IP アドレス

7

Q15 あなたは、仮想マシンで実行する Web アプリ App1 がスケールアウトに対応していないため、スケールアップによりパフォーマンスを向上させる予定です。スケールアップを自動的に行うために、Azure Automation を使用します。Runbook に記述すべきタスクを 1 つ選択してください。

A. サブスクリプションの vCPU クォータを変更する
B. 仮想マシンに Azure Performance Diagnostic Agent をインストールする
C. 仮想マシンに PowerShell DSC（Desired State Configuration）をインストールする
D. 仮想マシンのサイズを変更する

Q16 あなたは、Azure Backup を使用して、複数の仮想マシンをバックアップする予定です。すでに Recovery Services コンテナーを作成し、東日本リージョンの仮想マシン VM1 のバックアップの構成が完了しています。西日本リージョンの仮想マシン VM2 もバックアップしたいと考えています。何をすべきですか？

A. ストレージアカウントを作成する
B. バックアップポリシーを作成する
C. 新しい Recovery Services コンテナーを作成する
D. VM2 にバックアップ拡張機能をインストールする

Q17 あなたは、以下の表の仮想ネットワークのピアリング接続を計画しています。仮想ネットワーク VNet1 とピアリング接続を確立できる仮想ネットワークを選択してください。

仮想ネットワーク	仮想ネットワークのアドレス空間	サブネットのアドレス範囲	リージョン
VNet1	10.0.0.0/16	10.0.0.0/24	米国西部
VNet2	10.0.0.0/17	10.0.0.0/25	米国西部
VNet3	10.1.0.0/16	10.1.0.0/24	米国東部
VNet4	192.168.0.0/24	192.168.0.0/24	東南アジア

A. VNet3 のみ
B. VNet2 と VNet3
C. VNet3 と VNet4
D. VNet2、VNet3、VNet4

Q18 あなたは、AzCopy を使用して、Azure Storage へデータをコピーする予定です。AzCopy でコピーできるデータの種類を選択してください。

A. Blob のみ
B. Blob、ファイル
C. Blob、ファイル、キュー
D. Blob、ファイル、テーブル、キュー

Q19 あなたは、東日本リージョンの仮想ネットワーク VNet1 に接続した仮想マシン VM1 を、西日本リージョンの仮想ネットワーク VNet2 へ移動したいと考えています。何をすべきですか？

A. VM1 を削除し、VNet2 に接続する VM1 を再作成する
B. VM1 を停止し、VM1 のネットワークインターフェイスを VNet2 に変更する
C. VM1 を停止することなく、VM1 のネットワークインターフェイスを VNet2 に変更する
D. VM1 を停止し、VM1 に新しいネットワークインターフェイスを作成し、VNet2 に接続する

Q20 あなたは、Azure で基幹業務アプリをホストする予定です。基幹業務アプリは、負荷分散のため、複数の仮想マシンで実行されます。なお、基幹業務アプリへのアクセスは、サイト間接続されたオンプレミスネットワークまたはポイント対サイト接続された従業員の自宅のコンピューターからのみに制限します。負荷分散に使用する適切な Azure サービスを 2 つ選択してください。

（選択肢は次ページに続きます。）

7

A. パブリックロードバランサー

B. 内部ロードバランサー

C. Azure Traffic Manager

D. Azure Application Gateway

Q21 あなたは、同じ Web アプリ App1 を実行する仮想マシン VM1、VM2、VM3 のデプロイを計画しています。仮想マシンをホストする Azure データセンターに障害があっても、少なくとも 2 台の仮想マシンで Web アプリを正常に実行させるための適切な方法を 1 つ選択してください。

A. すべての仮想マシンを単一の可用性セットに配置する

B. すべての仮想マシンを単一の可用性ゾーンに配置する

C. 仮想マシンをそれぞれ異なる可用性セットに配置する

D. 仮想マシンをそれぞれ異なる可用性ゾーンに配置する

Q22 あなたは、以下の図の Azure ポリシーを作成しました。ポリシーの効果として適切なものを 1 つ選択してください。

A. Subscription1 では仮想マシンを作成できない

B. Subscription1 では仮想マシンを作成できる

C. RG1 のみ、仮想マシンを作成できない

D. RG1 のみ、仮想マシンを作成できる

Q23 あなたは、以下のリソースをデプロイしました。NSG1 を適用できるサブネットを選択してください。

名前	リソースの種類	リージョン	リソースグループ
VNet1	仮想ネットワーク	米国西部	RG1
VNet2	仮想ネットワーク	米国西部	RG2
VNet3	仮想ネットワーク	米国東部	RG1
NSG1	ネットワークセキュリティグループ	米国東部	RG2

A. VNet1 のサブネットのみ
B. VNet2 のサブネットのみ
C. VNet3 のサブネットのみ
D. VNet1、VNet2、VNet3 のサブネット

Q24 あなたは、Azure App Service で 10 個の Web アプリのデプロイを計画しています。App Service プランの SKU は、Basic を採用することにしました。コストを最小限に抑えるために最適な App Service プラン数を 1 つ選択してください。

A. 1
B. 2
C. 5
D. 10

Q25 あなたは、Azure Log Analytics を使用して、Windows イベントログのエラーを分析する予定です。実行すべき適切なクエリーを 1 つ選択してください。

A. Get-Event Event | where {$_. EventType == "error"}
B. search in (Event) "error"
C. select * from Event where EventType == "error"
D. Event | where EventType is "error"

Q26 あなたは、既存の Windows Server 2019 ベースの仮想マシンを再デプロイする予定です。再デプロイによって失われる設定を 1 つ選択してください。

A. スクリーンセーバーのタイムアウト
B. デスクトップの壁紙
C. C ドライブのファイル
D. D ドライブのファイル

Q27 あなたは、パブリック IP アドレスを持つ仮想マシン VM1 をデプロイしました。仮想マシンで実行するアプリは、インターネットまたはサイト間 VPN 接続を経由したオンプレミスからポート 443 でアクセスできる必要がありますが、リモートデスクトップ（RDP）接続だけは、サイト間 VPN 接続のみのアクセスに制限したいと考えています。何をすべきですか？

A. ローカルネットワークゲートウェイのアドレス空間を変更する
B. VM1 に関連するネットワークセキュリティグループを変更する
C. VM1 をバックエンドプールに追加したロードバランサーを追加する
D. VM1 からパブリック IP アドレスを削除する

Q28 あなたは、AzCopy を使用して、ストレージアカウントの Blob にコンテナーを作成する予定です。AzCopy の適切なオプションを 1 つ選択してください。

A. copy
B. sync
C. make
D. remove

Q29 あなたは、Azure サブスクリプション Subscription1 に、ストレージアカウント、仮想ネットワーク、仮想マシン、マネージドディスク、Recovery Services コンテナーをデプロイしました。次に、これらのリソースを Azure サブスクリプション Subscription2 へ移動させる予定です。移動できるリソースはどれですか？

A. 仮想マシン
B. 仮想マシン、マネージドディスク
C. 仮想マシン、マネージドディスク、仮想ネットワーク
D. 仮想マシン、マネージドディスク、仮想ネットワーク、Recovery Services コンテナー

Q30 あなたは、ARM テンプレートを使用して、複数の仮想マシンをデプロイする予定です。なお、仮想マシンには、Nginx が自動的にインストールされている必要があります。何をすべきですか？2 つ選択してください。

A. Azure Performance Diagnostics 拡張機能を使用する
B. PowerShell Desired State Configuration 拡張機能を使用する
C. Application Insights Agent 拡張機能を使用する
D. カスタムスクリプト拡張機能を使用する

Q31 あなたは、Azure サブスクリプションを管理しています。新しいネットワークセキュリティグループを作成したときに、自動的に TCP ポート 3389 がブロックされるようにしたいと考えています。何をすべきですか？

A. ［リソースプロバイダー］ブレードから Microsoft.ClassicNetwork プロバイダーの登録を解除する
B. ［リソースプロバイダー］ブレードから Microsoft.ClassicNetwork プロバイダーを登録する
C. サブスクリプションにカスタムポリシー定義を割り当てる
D. サブスクリプションに組み込みポリシー定義を割り当てる

7

Q32 あなたは、Azure Backup を使用して仮想マシンをバックアップする予定です。以下の図は、Azure Backup のバックアップポリシーの構成を示したものです。バックアップの動作として適切なものを 1 つ選択してください。

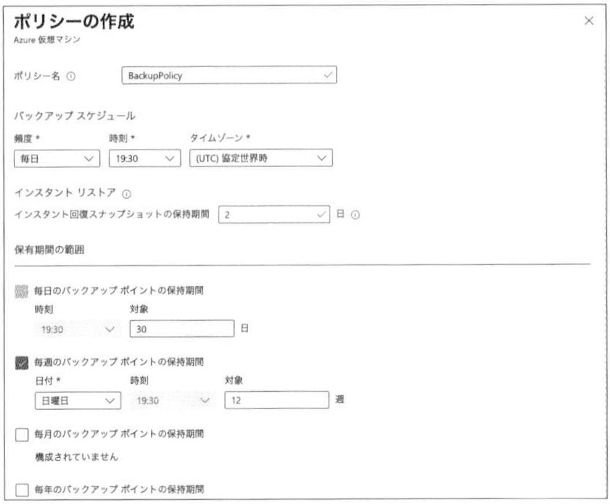

A. 毎日、毎週、毎月、毎年の 4 種類のバックアップを行う

B. 日曜日はバックアップを行わない

C. バックアップデータは 10 年以上保持される

D. 復元速度を上げるためにスナップショットが保持される

Q33 あなたは、仮想ネットワーク VNet1 と VNet2 をピアリング接続する予定です。以下の表は、VNet1 と VNet2 の構成を示したものです。ピアリングを行う前に修正すべき点を 1 つ選択してください。

	VNet1	VNet2
サブスクリプション	Subscription1	Subscription2
リソースグループ	RG1	RG2
地域	米国西部	東日本
IP アドレス空間	10.0.0.0/16	10.0.1.0/24

A. サブスクリプション

B. リソースグループ

C. 地域

D. IP アドレス空間

Q34 あなたは、可用性セット HA1 を調査しています。以下の図は、可用性セットの構成を示したものです。現在、可用性セットには 14 台の仮想マシンが追加されています。この可用性セットの実際の動作として適切なものを選択してください。

```
pwsh — 120×40

PS /> az vm availability-set list
[
  {
    "id": "/subscriptions/                /resourceGroups/RG1/providers/Microsoft.Compute/availabili
tySets/HA1",
    "location": "japaneast",
    "name": "HA1",
    "platformFaultDomainCount": 2,
    "platformUpdateDomainCount": 10,
    "proximityPlacementGroup": null,
    "resourceGroup": "RG1",
    "sku": {
      "capacity": null,
      "name": "Aligned",
      "tier": null
    },
    "statuses": null,
    "tags": {},
    "type": "Microsoft.Compute/availabilitySets",
    "virtualMachines": []
  }
]
PS />
```

[東日本で計画メンテナンスが発生した場合、停止する仮想マシンの最大数]

A. 2

B. 7

C. 10

D. 14

[東日本の電源障害によりサーバーラックが停止した場合、停止する仮想マシンの最大数]

E. 2

F. 7

(選択肢は次ページに続きます。)

7

G. 10
H. 14

Q35 あなたは、Azure DNS でパブリック DNS ゾーンを作成しましたが、インターネットから名前解決ができないことに気付きました。行うべき設定を 1 つ選択してください。

A. DNS の子ドメインに NS レコードを追加する
B. DNS の親ドメインに NS レコードを追加する
C. DNS ゾーンに NS レコードを追加する
D. DNS ゾーンに MX レコードを追加する

Q36 あなたは、仮想マシン VM1 を監視しています。VM1 の未使用メモリ容量が 25% 未満の場合、オンプレミスに展開済みの Microsoft System Center Service Manager でアラートを処理したいと考えています。行うべき設定を 1 つ選択してください。

A. Runbook を実行する
B. IT サービス管理 (ITSM) コネクタを展開する
C. ロジックアプリを実行する
D. 通知を作成する

Q37 あなたは、Azure Import/Export を利用し、オンプレミスのデータを Azure Storage へ転送する予定です。以下の Azure Import/Export の手順を正しい順番に並べてください。

A. Azure ポータルで、インポートジョブを作成する
B. データ交換用ディスクを用意し、WAImportExport.exe を実行する
C. Azure ポータルで、インポートジョブを更新する
D. データ交換用ディスクを輸送する

Q38 あなたは、オンプレミスネットワークと仮想ネットワークをExpressRouteで接続しました。ExpressRouteの障害対策として、サイト間VPNも用意する予定です。なお、コストは最小限に抑える必要があります。Azureポータルにおける適切な操作を3つ選択してください。

A. SKUが [Basic] のVPNゲートウェイを作成する

B. SKUが [VpnGW1] のVPNゲートウェイを作成する

C. ローカルネットワークゲートウェイを作成する

D. VPNゲートウェイ専用サブネットを作成する

E. 接続を作成する

Q39 あなたは、以下の図のストレージアカウントを管理しています。このストレージアカウントには、大量の契約書データを格納する予定です。なお、契約書データの大半は、アクセスされることはありません。耐久性やパフォーマンスを変更することなく、Azure Storageのコストを削減するための適切な操作を1つ選択してください。

A. パフォーマンスをStandardへ変更する

B. アカウントの種類を汎用v1 Storageへ変更する

C. レプリケーションをローカル冗長ストレージ (LRS) に変更する

D. 既定のアクセスレベルをクールに変更する

Q40 あなたは、仮想ネットワークを作成し、タグを割り当てる予定です。以下の手順を実行します。

(1) リソースグループ RG1 に仮想ネットワーク VNet1 を作成する
(2) VNet1 に［Department : D1］タグを追加する
(3) RG1 に［Department : D2］タグを強制する Azure ポリシーを割り当てる

VNet1 に適用されるタグはどれですか？

A. ［Department : D1］タグ
B. ［Department : D2］タグ
C. ［Department : D1］タグと［Department : D2］タグ
D. タグは割り当てられない

Q41 あなたの会社は、サブスクリプション Subscription1 を所有しています。なお、Subscription1 のクォータは以下のとおりです。

クォータ	リージョン	制限
Standard BS Family vCPUs	米国西部	20
Standard D Family vCPUs	米国西部	20
リージョンの合計 vCPU	米国西部	20

現在、Subscription1 には、以下の仮想マシンがデプロイされています。

名前	サイズ	vCPU	リージョン	状態
VM1	Standard B2ms	2	米国西部	実行中
VM2	Standard B16ms	16	米国西部	停止済み（割り当て解除）

あなたは、Subscription1 に以下の仮想マシンを新たにデプロイする予定です。

名前	サイズ	vCPU
VM3	Standard B2ms	1
VM4	Standard D4s v3	4
VM5	Standard B16ms	16

新しい仮想マシンのデプロイについて、[はい] または [いいえ] を選択してください。

	はい	いいえ
米国西部に VM3 をデプロイできる		
米国西部に VM4 をデプロイできる		
米国西部に VM5 をデプロイできる		

Q42 あなたの会社は、東京と大阪にオフィスを持ち、東日本と西日本のリージョンに複数の仮想ネットワークと仮想マシンをデプロイしています。あなたは、すべてのオフィスとすべての仮想ネットワークが相互に通信できるようにしたいと考えています。これを実現するには、どうすればよいですか？

A. 2 つの VPN ゲートウェイを作成する
B. 2 つの Application Gateway を作成する
C. 1 つの仮想 WAN と 2 つの仮想ハブを作成する
D. 2 つの仮想 WAN と 1 つの仮想ハブを作成する

Q43 あなたは、仮想マシンスケールセット Scale1 を作成します。以下の図は、Scale1 の構成です。この仮想マシンスケールセットの実際の動作として適切なものを選択してください。

ホーム > Virtual Machine Scale Sets >
仮想マシン スケール セットの作成
インスタンス
初期インスタンス数 *　2
スケーリング
スケーリング ポリシー　○ 手動　◉ カスタム
インスタンスの最小数 *　1
インスタンスの最大数 *　10
スケールアウト
CPU しきい値 (%) *　75
期間 (分) *　10
追加するインスタンスの数 *　1
スケールイン
CPU しきい値 (%) *　25
削除するインスタンスの数 *　1
確認および作成　< 前へ　次: 管理 >

[Scale1 のデプロイ直後、10 分間の平均 CPU 使用率が 90% を上回った場合の仮想マシンの合計数]

A. 1 台

B. 2 台

C. 3 台

D. 4 台

[Scale1 のデプロイ直後、10 分間の平均 CPU 使用率が 20% を下回った場合の仮想マシンの合計数]

E. 1 台

F. 2 台

G. 3 台

H. 4 台

Q44 あなたは、PowerShellからARMテンプレートを使用して、Azure Marketplaceのサービスをデプロイする予定です。しかし、デプロイを実行すると、「ユーザーはリソースを購入するための検証に失敗しました」というエラーメッセージが表示されます。何をすべきですか？

A. Azureポータルからサブスクリプションの制限（クォータ）の引き上げを要求する
B. AzureポータルからMicrosoft.Marketplaceリソースプロバイダーを登録する
C. Set-AzApiManagementSubscriptionコマンドレットを実行する
D. Set-AzMarketplaceTermsコマンドレットを実行する

Q45 あなたは、WebアプリApp1を開発しています。App1には以下の表に示す2つのデプロイスロットがあり、現在、ユーザーは、prodスロットにアクセスしています。App1をアップデート、テストしてから、ユーザーへ公開するための手順として、適切なものを2つ選択してください。

スロット名	用途
prod	運用
test	テスト

A. testスロットにアップデートしたApp1をデプロイし、テストする
B. prodスロットにアップデートしたApp1をデプロイし、テストする
C. testスロットを停止する
D. prodスロットを停止する
E. スロットをスワップする

Q46 あなたは、1つの仮想ネットワークに5台の仮想マシンをデプロイする予定です。それぞれの仮想マシンは、パブリックIPアドレスとプライベートIPアドレスを持ちます。また、ネットワークセキュリティグループによるインバウンドとアウトバウンドの規則に関しては、すべての仮想マシ

ンが同じ規則を持つ必要があります。最低限必要なネットワークインターフェイス数とネットワークセキュリティグループ数はそれぞれいくつですか？

［ネットワークインターフェイス数］

A. 1

B. 5

C. 10

D. 20

［ネットワークセキュリティグループ数］

E. 1

F. 2

G. 5

H. 10

Q47 あなたは、Azure Import/Export を使用して、オンプレミスのデータを Azure ファイル共有へインポートする予定です。あらかじめ準備すべきファイルを 2 つ選択してください。

A. dataset.csv

B. driveset.csv

C. import.dat

D. export.dat

Q48 あなたは、Azure Monitor アラートを作成し、管理者への通知を設定しましたが、管理者から「大量のアラートが発生したにも関わらず、通知の一部が届かない」との連絡がありました。考えられる原因として適切なものを 1 つ選択してください。

A. 高負荷により、アラートが処理できなくなった

B. レート制限の対象となった

C. アラートルールを作成していない

D. アクショングループを作成していない

Q49 あなたは、以下の図のストレージアカウントを作成しました。このストレージアカウントに格納されたデータのコピー数として適切なものを 1 つ選択してください。

A. 1

B. 2

C. 3

D. 6

Q50 あなたは、仮想ネットワーク VNet1 に以下の仮想マシンをデプロイし、仮想マシンのネットワークインターフェイスに DNS サーバーを構成しました。

名前	OS	サブネット	DNS サーバー
VM1	Ubuntu Server 18.04 LTS	Subnet1	なし
VM2	Windows Server 2019	Subent2	10.0.0.100
VM3	Windows Server 2019	Subnet3	10.0.0.100

以下の図は、仮想ネットワーク VNet1 の DNS サーバーの構成を示しています。

DNS サーバー ⓘ
◯ 既定 (Azure 提供)
◉ カスタム

IP アドレス

10.0.0.200

DNS サーバーの追加

仮想マシンは、IP アドレスが 10.0.0.100 と 10.0.0.200 の両方の DNS サーバーに正常に接続できます。このときの実際の動作について、[はい] または [いいえ] を選択してください。

	はい	いいえ
仮想マシン VM1 は DNS クエリーのために 10.0.0.200 に接続する		
仮想マシン VM2 は DNS クエリーのために 10.0.0.200 に接続する		
仮想マシン VM3 は DNS クエリーのために 10.0.0.100 に接続する		

Q51 あなたは、Azure CLI コマンドを使用して、次の要件を満たすストレージアカウントを作成する予定です。コマンドの適切なオプションを選択してください。

・アクセス層をサポートする
・リージョンで災害があっても、フォールトトレランスを提供する
・コストを最小化する

az storage account create -g RG1 -n storage1 --kind [オプション 1] --sku [オプション 2]

[オプション 1]

A. File Storage

B. Storage

C. StorageV2

[オプション 2]

D. Standard_GRS

E. Standard_LRS

F. Standard_RAGRS

Q52 あなたは、オンプレミスコンピューターComputer1 と仮想ネットワークVNet1 をポイント対サイト接続で接続しました。接続には自己証明書を使用しています。また、オンプレミスコンピューターComputer2 も同様に、ポイント対サイト接続で VNet1 に接続する予定です。適切な操作を 2 つ選択してください。

A. Computer2 に VPN クライアント構成パッケージをインストールする

B. Azure AD 認証ポリシーを変更する

C. Computer2 を Azure AD に参加させる

D. Computer2 にクライアント証明書をインストールする

Q53 あなたは、Azure AD テナント contoso.onmicrosoft.com を作成し、カスタムドメイン名 contoso.com を割り当てる予定です。パブリック DNS ゾーン contoso.com はすでに取得済みです。カスタムドメイン名を割り当てるために作成すべき DNS レコードの種類を 2 つ選択してください。

A. NSEC

B. TXT

C. SRV

D. MX

Q54 あなたは、Azure ファイル共有へアクセスするために、以下の図のように共有アクセス署名（SAS）を作成しました。この SAS を使用してアクセスを行った場合の適切な動作をそれぞれ選択してください。

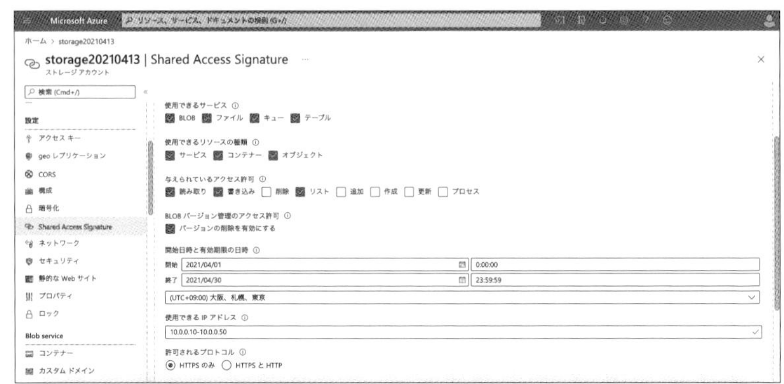

[日時 2021/4/2、IP アドレス 10.0.0.7 のコンピューターがアクセスした場合]

A. 資格情報の入力を要求される

B. アクセスできない

C. 読み取り、書き込み、一覧表示ができる

D. 読み取りのみができる

[日時 2021/4/10、IP アドレス 10.0.0.50 のコンピューターがアクセスした場合]

E. 資格情報の入力を要求される

F. アクセスできない

G. 読み取り、書き込み、一覧表示ができる

H. 読み取りのみができる

Q55 あなたは、Azure Monitor アラートを使用して、仮想マシンの 4 つのメトリックをトリガーとしたアラートをそれぞれ別々の管理者へメール通知する予定です。作成すべき最小のアラートルール数および最小のアクションググループ数はいくつですか？

A. アラートルール数 = 1、アクショングループ数 = 1

B. アラートルール数 = 4、アクショングループ数 = 1

C. アラートルール数 = 4、アクショングループ数 = 4

D. アラートルール数 = 7、アクショングループ数 = 7

Q56 あなたは、Hyper-V 仮想マシンを Azure 仮想マシンへ移行する予定です。以下の図は、Hyper-V マネージャーで確認した Hyper-V 仮想マシンの構成を示したものです。移行前に行うべき作業を 1 つ選択してください。

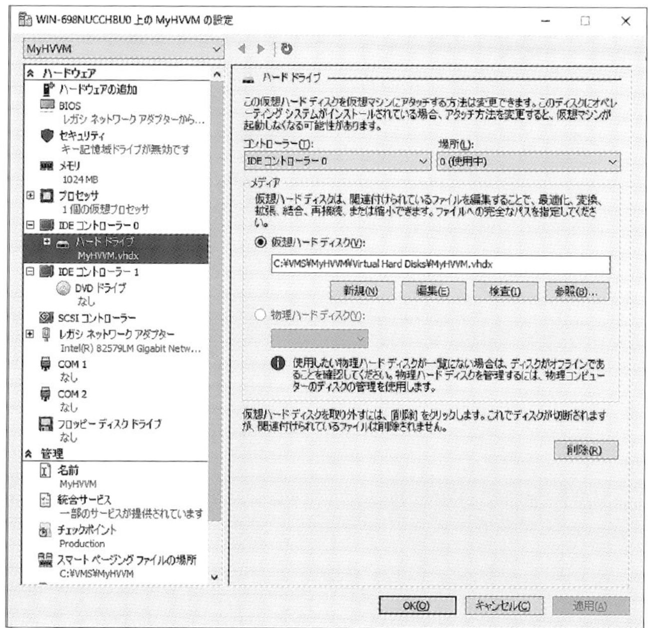

A. プロセッサ数を増やす

B. ネットワークアダプターを削除する

C. ハードドライブのファイル形式を変更する

D. 統合サービスを無効にする

Q57 あなたは、Azure AD Premium P2 ライセンスを購入し、ユーザーUser1に割り当てる予定です。何をすべきですか？

A. [Azure Active Directory] の [ライセンス] ブレードから User1 へライセンスを割り当てる
B. User1 の [グループ] ブレードからユーザーをグループへ招待する
C. [Azure Active Directory] の [エンタープライズアプリケーション] ブレードからアプリケーションを追加する
D. サブスクリプションの [アクセス制御 (IAM)] ブレードから User1 のディレクトリロールを変更する

Q58 この問題は、同じシナリオを提示する一連の問題の一部です。あなたはAzure の管理者であり、ユーザーから「Web アプリが使用できない」との報告を受けました。まず、ネットワークセキュリティグループの規則が正しく機能しているかを調査したいと考えています。
[解決策] Network Watcher の [ネクストホップ] を実行する
これは目標を達成していますか？

A. はい
B. いいえ

Q59 この問題は、同じシナリオを提示する一連の問題の一部です。あなたはAzure の管理者であり、ユーザーから「Web アプリが使用できない」との報告を受けました。まず、ネットワークセキュリティグループの規則が正しく機能しているかを調査したいと考えています。
[解決策] Network Watcher の [接続モニター] を実行する
これは目標を達成していますか？

A. はい
B. いいえ

Q60 この問題は、同じシナリオを提示する一連の問題の一部です。あなたはAzureの管理者であり、ユーザーから「Webアプリが使用できない」との報告を受けました。まず、ネットワークセキュリティグループの規則が正しく機能しているかを調査したいと考えています。
[解決策] Network Watcherの［IPフローの検証］を実行する
これは目標を達成していますか？

A. はい
B. いいえ

Q61からQ65まではケーススタディです。まず、［概要］、［既存の環境］、［計画された変更］、［ユーザー要件］の情報を確認します。情報を確認したら、［質問］に解答します。なお、各質問は他の質問から独立しています。

［概要］
Contoso株式会社は、東京にあるインターネット広告代理店です。オムニチャネルを通じた宣伝を行うだけではなく、消費者のデータの蓄積、活用、分析といったデジタルマーケティング活動も行っています。

［既存の環境］
外部のデータセンターを借りて、以下の3階層のWebシステムを運用しています。

階層	説明
Web層	インターネットからのアクセスを10台のWebサーバーで負荷分散して処理する
アプリケーション層	Webサーバーからのアクセスを5台のアプリケーションサーバーで負荷分散して処理する
データ層	Microsoft SQL Serverでホストされたデータベースにデータを蓄積する

［計画された変更］
来年予定されている外部のデータセンターとの契約終了にともない、WebシステムをMicrosoft Azureへ移行することを決定しました。

[ユーザー要件]

ユーザーは以下の4つの要件を提示しています。

・ワークロードが増加しても対応できるスケーリングを実現すること
・転送中のデータと保管中のデータを保護すること
・3階層の各層は、個別のセキュリティレベルで保護されること
・コストを最適化すること

[質問]

Q61 あなたは、Webシステムを仮想マシンとしてデプロイする予定です。仮想マシンを接続するために仮想ネットワークとサブネットはいくつ必要ですか？

[仮想ネットワーク数]

A. 1
B. 2
C. 3

[サブネット数]

D. 1
E. 2
F. 3

Q62 あなたは、Webサーバー用として10台の仮想マシンをデプロイし、負荷分散する予定です。負荷分散で利用可能なサービスを2つ選択してください。

A. パブリックロードバランサー
B. 内部ロードバランサー
C. Azure Application Gateway
D. Azure VPN Gateway

Q63 あなたは、Azure Backup を使用して、仮想マシン内の Microsoft SQL Server データベースをバックアップする予定です。Azure Backup を使用するために最初に行うべきことは何ですか？

A. 仮想マシンに Azure Recovery Services エージェントをインストールする
B. Microsoft SQL Server を Azure SQL Database へ移行する
C. Recovery Services コンテナーを作成する
D. Azure Database Migration Service をインストールする

Q64 現在、外部データセンターに消費者のデータを保存しています。これらのデータは大容量であるため、あなたは Azure Data Box を使用してオフラインで Azure Storage へデータを転送する予定です。Azure Data Box の転送先として使用できるストレージアカウントの種類を 2 つ選択してください。

A. Blob
B. ファイル
C. テーブル
D. キュー

Q65 あなたは、Web システムでやり取りされる IP トラフィックを記録し、外部のツールで分析したいと考えています。過去の実績にもとづいて、送信元の IP アドレスから悪意のあるトラフィックを検出する予定です。どのログを収集しますか？

A. 負荷分散サービスのリソースログ
B. Windows イベントログ
C. NSG フローログ
D. Azure アクティビティログ

7

7.2 模擬試験問題の解答と解説

Q1

ARMテンプレートを使用する際に必須のパラメーターは、リソースグループのみです。よって、Aが正解です。

［答］A

Q2

仮想ネットワークゲートウェイには、ポリシーベースとルートベースの2種類があります。オンプレミスネットワークと仮想ネットワークを接続するサイト間接続は、ポリシーベースとルートベースの両方でサポートされますが、単体のコンピューターと仮想ネットワークを接続するポイント対サイト接続は、ルートベースのみでサポートされます。また、既存のポリシーベースの仮想ネットワークゲートウェイをルートベースに直接変更することはできません。ルートベースに変更するには、いったん、仮想ネットワークゲートウェイを削除し、再作成する必要があります。よって、BとEが正解です。

［答］B、E

Q3

Azureファイル同期サービスは、オンプレミスのWindowsファイルサーバーのフォルダとAzureファイル共有を同期するサービスです。Azureファイル同期サービスを利用するには、一般的に(1) Azureファイル同期サービスを作成する、(2) Windowsファイルサーバーにエージェントをインストールする、(3) Windowsファイルサーバーと Azureファイル同期サービスを関連付ける、(4) 同期グループを作成する、という4つの手順が必要です。すでに(1)と(4)の一部（サーバーエンドポイントの追加以外）が完了しているので、E→C→Aが正解となります。

［答］E→C→A

Q4

Azure Container Instancesは、サーバーレスサービスであるため、データを保持しません。データを保持するには、永続ストレージとしてAzureファイル共有（ファイルストレージ）を用意します。よって、Bが正解です。

［答］B

Q5

Azure ADテナントでユーザーを作成できるロールには、「グローバル管理者」と「ユーザー管理者」があります。ただし、これらのロールはAzure ADテナントごとに独立しており、継承されません。そのため、新しいAzure ADテナントを作成したとき、既定では、その作成者のみが新しいAzure ADテナントの「グローバル管理者」になり、ユーザーを作成できます。よって、Aが正解です。

［答］A

Q6

Azureロードバランサーのセッション永続化オプションを使用すると、同じIPアドレスのクライアントからのリクエストを、すべて1つのWebサーバーに処理させ、他のWebサーバーには処理させないようにすることができます。よって、Bが正解です。

［答］B

Q7

可用性セットは、仮想マシンを分散配置するデータセンターのレイアウトを決定します。可用性セットのオプションは、更新ドメインと障害ドメインです。更新ドメインは、仮想マシンが配置されるホストサーバーの数であり、計画メンテナンス時のホストサーバーの停止による仮想マシンの同時停止を防ぎます。一方、障害ドメインは、仮想マシンが配置されるサーバーラックの数であり、サーバーラックのハードウェア故障による仮想マシンの同時停止を防ぎます。可用性セットの更新ド

7

メインを「2」とし、2台の仮想マシン（VM1、VM2）を、この可用性セットに含めれば、仮想マシンは異なるホストサーバーに配置されるため、計画メンテナンス時にこれらの仮想マシンが同時に停止することがなくなります。よって、Bが正解です。

［答］B

Q8

App ServiceのWebサーバーログを有効にすれば、Webアプリをホストする Webサーバーのログを収集でき、HTTP500エラーなどのエラーコードを確認できます。よって、Bが正解です。

［答］B

Q9

Azureポータルから［Azure Active Directory］メニューを開き、［ロールと管理者］ブレードから、ユーザーに対してロールを割り当てることができます。よって、Aが正解です。なお、［ライセンス］ブレードではライセンスを、［グループ］ブレードではグループをそれぞれ管理することができます。また、［管理単位］ブレードでは、ユーザーやグループをまとめて管理することができます。

［答］A

Q10

設問の図には、ネットワークセキュリティグループの受信セキュリティ規則が表示されています。インターネットユーザーからのアクセスは、この受信セキュリティ規則の影響を受けます（送信セキュリティ規則の影響は受けません）。受信セキュリティ規則のRule2では、50から500までのポート番号を許可しているため、ポート番号53のDNSサーバーとポート番号80のWebサーバーへはアクセスできます。しかし、より優先度の高いRule1で50から60までのポート番号を拒否しているため、DNSサーバーへはアクセスできません。Rule1を削除すれば、DNSサーバーへもアクセスできます。よって、BとGが正解です。

［答］B、G

Q11

Azure Storageのレプリケーションにはいくつかの種類がありますが、データを複数の場所に同期的にコピーし、リージョン内の単一データセンターの障害に対応するには、ゾーン冗長ストレージ（ZRS : Zone-Redundant Storage）が適しています。なお、ゾーン冗長ストレージを利用できるアカウントの種類は、汎用v2 Storageのみです。よって、Eが正解です。

［答］E

Q12

Azureポータルから［リソースグループ］メニューを開き、［デプロイ］ブレードを表示して、デプロイしたAzureリソースの名前や状態、最終更新日時などを確認することができます。よって、Aが正解です。

［答］A

Q13

ある日数が経過したらグループを自動的に削除するには、そのグループに対して、あらかじめ有効期限ポリシーを設定しておきます。ただし、有効期限ポリシーは、セキュリティグループではサポートされず、Microsoft 365グループだけでサポートされます。また、有効期限ポリシーは、割り当て済みメンバーシップと動的メンバーシップのどちらでもサポートされます。よって、CとDが正解です。

［答］C、D

Q14

Azure DNSのプライベートDNSゾーンは、自動登録が許可された仮想ネットワーク内のすべての仮想マシンのプライベートIPアドレスを、Aレコードとして自動的に登録します。このとき、パブリックIPアドレスの有無やWindows ServerのDNSサフィックスの影響を受けません。よって、Eが正解です。

［答］E

Q15

仮想マシンのパフォーマンスを向上させる方法には、「スケールアップ」と「スケールアウト」があります。スケールアップは、仮想マシンのサイズ（vCPU数やメモリ量）を上げる方法です。一方、スケールアウトは、仮想マシンの数を増やす方法です。この設問ではスケールアップが求められているため、Azure Automationによる自動化では、Runbook（スクリプト）に仮想マシンのサイズの変更を記述します。よって、Dが正解です。

［答］D

Q16

Azure Backupを使用する際、最初にRecovery Servicesコンテナーを作成します。1つのRecovery Servicesコンテナーで最大1,000の仮想マシンをバックアップできますが、Recovery Servicesコンテナーと仮想マシンのリージョンは同じである必要があります。別リージョンの仮想マシンをバックアップするには既存のRecovery Servicesコンテナーは使用できず、別リージョンに新しいRecovery Servicesコンテナーが必要です。よって、Cが正解です。

［答］C

Q17

仮想ネットワークと仮想ネットワークをピアリング接続するには、双方の仮想ネットワークのアドレス空間が重複していないことが条件となります。このとき、テナント、サブスクリプション、リージョンは異なっていても構いません。設問では、VNet2のアドレス空間は、VNet1のアドレス空間に包含され、重複しているので、ピアリング接続はできません。よって、Cが正解です。

［答］C

Q18

AzCopyは、Windows、Linux、macOSのマルチプラットフォームに対応した無償のコピーコマンドです。AzCopyを使用すれば、オンプレミスとAzure Storageとの間でデータをコピーすることができます。ただし、AzCopyが対応しているデータの種類は、Blobとファイル（Azureファイル共有）のみです。テーブルとキューには対応していません。よって、B が正解です。

［答］B

Q19

仮想マシンは、仮想ネットワーク内の別のサブネットへは移動できますが、別の仮想ネットワークへは移動できません。別の仮想ネットワークへ移動するには、仮想マシンを作り直す必要があります。よって、A が正解です。

［答］A

Q20

仮想ネットワーク内、サイト間接続、またはポイント対サイト接続からアクセスできる Azure の負荷分散サービスは、内部ロードバランサーと Azure Application Gateway の 2 つです。よって、B と D が正解です。A のパブリックロードバランサーは、インターネットからのアクセスのみに制限されています。

［答］B、D

Q21

Azure データセンターの障害対策では、複数のデータセンターに仮想マシンを分散してデプロイします。可用性ゾーンを使用すると、ゾーン 1、ゾーン 2、ゾーン 3 といった異なる可用性ゾーン（異なるデータセンター）を指定し、仮想マシンをデプロイすることが可能です。よって、D が正解です。

［答］D

Q22

この図では、Virtual Machine（仮想マシン）リソースを制限する Azure ポリシーをサブスクリプション Subscription1 に割り当てています。ただし、リソースグループ RG1 だけは例外となっているので、この制限の影響を受けません。よって、D が正解です。

［答］D

Q23

ネットワークセキュリティグループは、ネットワークセキュリティグループと同じリージョンの仮想ネットワークまたはネットワークインターフェイスに関連付けることができます。リソースグループは関係ありません。よって、C が正解です。

［答］C

Q24

Azure App Service では、App Service プランの SKU ごとに、実行可能な Web アプリ数が異なります。たとえば、SKU が Basic 以上の App Service プランの場合、実行可能な Web アプリ数は無制限となっています。よって、パフォーマンスの問題がなければ 1 つの App Service プランで 10 個の Web アプリを実行することも可能なので、A が正解です。

［答］A

Q25

Azure Log Analytics は、収集したメトリックとイベントを、Kusto Query Language（KQL）と呼ばれる独自のクエリー言語を使用して分析することができます。KQL は一般的な SQL とは異なり、非常にシンプルなクエリー言語で、たとえば、キーワード（検索文字）による検索なら、「search in (テーブル名) " 検索文字列 "」で実行可能です。よって、B が正解です。

［答］B

Q26

仮想マシンの再デプロイは、Azure データセンターで仮想マシンをホストするホストサーバーを別のホストサーバーに切り替えるオプションです。この再デプロイにおいて仮想マシンはいったん停止された後、移動されるため、一時ディスクである D ドライブは消去されますが、それ以外の影響はありません。よって、D が正解です。

［答］D

Q27

仮想マシンへのアクセスをポートにもとづいて制御するには、ネットワークセキュリティグループを構成します。よって、Bが正解です。

[答] B

Q28

AzCopyは、オンプレミスとストレージアカウント間でファイルをコピーするコマンドです。オプションのmakeを使用すると、Blobのコンテナーや共有フォルダを作成することもできます。よって、Cが正解です。

[答] C

Q29

Azureポータルを使用して、各種のAzureリソースを別のサブスクリプションへ移動させることができます。移動できないAzureリソースも一部存在しますが、仮想マシン、マネージドディスク、仮想ネットワーク、Recovery Servicesコンテナーはすべて移動可能です。よって、Dが正解です。

[答] D

Q30

仮想マシンのゲストOSに対して、自動的にアプリケーションをインストールしたり、構成を変更したりするには、拡張機能を使用します。マイクロソフト社が提供するPowerShell Desired State Configuration（DSC）拡張機能とカスタムスクリプト拡張機能は、いずれもスクリプトによる構成管理を実現し、Webサーバー「Nginx」のインストールにも利用可能です。よって、BとDが正解です。

[答] B、D

Q31

ネットワークセキュリティグループは、仮想マシンを構成するAzureのリソースの1つです。Azureポリシーを使用すれば、ネットワークセキュリティグループの作成時に自動的に特定のTCPポートをブロックすることができます。ただし、組み込みポリシーにはこのようなポリシーは存在しないので、自分でカスタムポリシーを作成する必要があります。よって、Cが正解です。

［答］C

Q32

Azure Backupで仮想マシンをバックアップする場合、バックアップポリシーを設定します。バックアップポリシーでは、仮想マシンがバックアップされる頻度と時刻、およびバックアップのコピーが保持される期間を指定します。設問の図を見ると、［インスタント回復スナップショットの保持期間］も設定されていることがわかります。インスタント回復スナップショットは、仮想マシンをバックアップする際に作成される一時的なスナップショットを、しばらくの間は仮想マシン側に保持しておき、回復時にRecovery Servicesコンテナーからではなくスナップショットから直接復元することで、復元速度を向上させる新しい機能です。よって、Dが正解です。

［答］D

Q33

仮想ネットワーク同士を接続し、1つのネットワークとして利用するピアリング接続を行う場合、双方の仮想ネットワークのIPアドレス空間が重複していないことが前提条件となります。設問によると、VNet2のIPアドレス空間（10.0.1.0/24）は、VNet1のIPアドレス空間（10.0.0.0/16）に包含されているため、事前に修正を行っておく必要があります。なお、サブスクリプション、リソースグループ、地域（リージョン）は、VNet1とVNet2で異なっていても問題ありません。よって、Dが正解です。

［答］D

Q34

設問の図では、az vm availability-set listコマンドを実行し、可用性セットの構成を表示しています。ここで注目すべきパラメーターは、platformFaultDomainCount（障害ドメイン）が2、platformUpdateDomainCount（更新ドメイン）が10であることです。つまり、14台の仮想マシンは、Azureデータセンター内の2つのサーバーラックに7台ずつ、また、10台のホストサーバーに1台または2台、分散配置されています。したがって、計画メンテナンスによりホストサーバーが停止した場合、最大2台の仮想マシンが停止します。また、サーバーラックに障害が発生した場合は、最大7台の仮想マシンが停止します。よって、AとFが正解です。

［答］A、F

Q35

Azure DNSでパブリックDNSゾーンを作成しただけでは、インターネットからの名前解決はできません。名前解決を行うには、親ドメインにパブリックDNSゾーンのNS（ネームサーバー）レコードを追加する必要があります。これを「委任」と呼びます。よって、Bが正解です。

［答］B

Q36

Microsoft System Center Service Manager（SCSM）は、ITILに代表されるITサービス管理のコンソールサービスです。Azure Log AnalyticsのITサービス管理（ITSM）コネクタを展開すると、Azureアラートを自動的にSCSMへ転送し、インシデントとして登録することができます。よって、Bが正解です。

［答］B

Q37

Azure Import/Exportは、オンプレミスとAzure Storageの間でデータをオフラインで交換するサービスです。オンプレミスのデータをAzure Storageへ転送（アップロード）する場合、(1) データ交換用ディスクを用意する、(2) データ交換用ディスクにファイルをコピーする、(3) インポートジョブを作成する、(4) データ交換用ディスクを輸送する、(5) インポートジョブを更新する、という手順を行います。よって、B→A→D→Cが正解となります。

［答］B→A→D→C

Q38

オンプレミスネットワークと仮想ネットワークをサイト間接続で接続するには、Azureポータルにおいて、(1) VPNゲートウェイ専用サブネットを作成する、(2) VPNゲートウェイを作成する、(3) VPNデバイスを設置する、(4) ローカルネットワークゲートウェイを作成する、(5) VPNゲートウェイとローカルネットワークゲートウェイを接続する、という5つの手順が必要です。設問によると、仮想ネットワークはすでにExpressRouteで接続されているため、ExpressRouteとVPN共通のゲートウェイ専用サブネットは作成済みであると仮定できます。なお、ExpressRoute接続とVPN接続を併用する場合、SKUが［Basic］以外のVPNゲートウェイを使用する必要があります。よって、BとCとEが正解です。

［答］B、C、E

Q39

Azure Storageのコストは、ストレージコストとアクセスコストに大別されます。ストレージコストは、保存するデータのサイズに比例します。また、アクセスコストは、ユーザーがデータにアクセスするたびに発生します。

ストレージコストとアクセスコストは、データごとに指定したアクセス層により異なります。アクセス層は、ホット、クール、アーカイブの3種類から選択できます。ホットでは、ストレージコストは高く、アクセスコストは安く設定されています。クールでは逆に、ストレージコストは安く、アクセスコストは高く設定されています。アーカイブでは、ストレージコストは最も安いですが、アクセスコストが最も高く設定されています。そのため、頻繁にアクセスするデータはホット、アクセス頻度の低いデータはクール、ほとんどアクセスしないデータはアーカイブにすると、コストを最適化できます。なお、どのアクセス層でも耐久性は同じですが、パフォーマンスに関しては、アーカイブのみデータの取り出しに時間がかかるという欠点があります。ホットとクールの取り出し時間は同じです。今回の設問の場合、耐久性とパフォーマンスは変更しないため、Dが正解です。

［答］D

Q40

Azureポリシーは、ポリシーを割り当てる前に作成したリソースには影響を与えません。よって、Azureポリシーの［Department : D2］タグは強制されないので、Aが正解です。

［答］A

Q41

クォータは、サブスクリプション内のリソースの作成数を制限する機能です。設問では、米国西部リージョン全体で利用可能なvCPU数は20までとなっています。VM2は停止済み（割り当て解除）ですが、vCPUは消費します。そのため、VM1とVM2で合計18vCPUが使用中となり、1vCPUを消費するVM3以外はデプロイできません。よって、正解は［答］の表のとおりです。

［答］

	はい	いいえ
米国西部にVM3をデプロイできる	○	
米国西部にVM4をデプロイできる		○
米国西部にVM5をデプロイできる		○

Q42

複数のオンプレミスネットワークと複数の仮想ネットワークをまとめて1つのネットワークとし、フルメッシュ接続を実現するには、Azure Virtual WANが便利です。Azure Virtual WANをデプロイするには、(1) 仮想WANを作成する、(2) 仮想ハブを作成する、(3) オンプレミスネットワークを接続する、(4) 仮想ネットワークを接続する、という4つの手順が必要です。さらに、仮想ハブはリージョンごとに作成する必要があります。よって、Cが正解です。

［答］C

Q43

仮想マシンスケールセットのスケーリング機能では、メトリックにもとづき、自動的に仮想マシン（インスタンス）を作成（スケールアウト）または削除（スケールイン）することができます。設問の図によると、Scale1のデプロイ直後の仮想マシン数は2台です。Scale1のデプロイ直後、10分間の平均CPU使用率が90%を上回った場合は、仮想マシンが1台作成（スケールアウト）されるため、合計3台となります。Scale1のデプロイ直後、10分間の平均CPU使用率が20%を下回った場合は、仮想マシンが1台削除（スケールイン）されるため、合計1台となります。これらの仮想マシン数は、インスタンスの最小数から最大数までの範囲内にあります。よって、CとEが正解です。

［答］C、E

Q44

Azure Marketplaceでサードパーティーが提供する一部のサービスについては、事前に契約条件への同意が必要です。契約条件の表示および同意は、AzureポータルまたはSet-AzMaketplaceTermsコマンドレットで行います。よって、Dが正解です。

［答］D

Q45

現在、ユーザーはprodスロットにアクセスしていますが、開発者はtestスロットにもアクセスできます。そのため、testスロットにアップデートしたApp1をデプロイし、テストすることが可能です。テストの終了後、スロットをスワップすれば、ユーザーは同じURLのままtestスロットにアクセスできるようになり、ダウンタイムなしでアップデートしたApp1を使用できます。よって、AとEが正解です。

［答］A、E

Q46

1つのネットワークインターフェイスは、パブリックIPアドレスとプライベートIPアドレスの両方を保持できます。ただし、ネットワークインターフェイスは仮想マシン間で共有できないので、5台の仮想マシンに必要なネットワークインターフェイス数は5となります。一方、ネットワークセキュリティグループは共有可能なので、すべての仮想マシンが同じ規則を持つ場合、必要なネットワークセキュリティグループ数は1つです。よって、BとEが正解です。

［答］B、E

Q47

Azure Import/Exportを使用すると、オンプレミスとAzure Storage間でデータのオフライン転送が可能になります。Azure Import/Exportの基本的な操作はAzureポータルから行えますが、一部の設定はdataset.csvとdriveset.csvの2つのテキストファイルで行います。インポートの場合、dataset.csvファイルに、インポート対象のファイルとフォルダの情報を記述し、driveset.csvファイルに、インポートで使用するディスクの情報を記述します。よって、AとBが正解です。

［答］A、B

Q48

Azure Monitorアラートでは、特定の電話番号、電子メールアドレス、またはSMSに大量の通知が送信されると、一時的に通知を無効化する「レート制限」が適用されます。レート制限は、アラートを管理しやすくするための正常な動作です。よって、Bが正解です。

[答] B

Q49

設問の図によると、ストレージアカウントのレプリケーションが、ローカル冗長ストレージ（LRS）になっていることがわかります。ローカル冗長ストレージは、格納されたデータを同じデータセンター内の3つの物理ディスクにコピーします。よって、Cが正解です。

[答] C

Q50

仮想マシンが使用するDNSサーバーは、仮想マシンのネットワークインターフェイスと仮想ネットワークの両方に構成できます。なお、その両方にDNSサーバーを構成した場合は、仮想マシンのネットワークインターフェイスが優先されます。そのため、仮想マシンVM1は、仮想ネットワークのDNSサーバー構成（10.0.0.200）を使用し、仮想マシンVM2とVM3は、ネットワークインターフェイスのDNSサーバー構成（10.0.0.100）を使用します。よって、正解は[答]の表のとおりです。

[答]

	はい	いいえ
仮想マシンVM1はDNSクエリーのために10.0.0.200に接続する	○	
仮想マシンVM2はDNSクエリーのために10.0.0.200に接続する		○
仮想マシンVM3はDNSクエリーのために10.0.0.100に接続する	○	

Q51

設問の要件であるアクセス層をサポートするストレージアカウントの種類（kind）は、Blobストレージ（BlobStorage）または汎用v2 Storage（StorageV2）です。また、リージョンで災害があった場合でもフォールトトレランスを提供するストレージアカウントのレプリケーション方法（sku）は、geo冗長ストレージ（Standard_GRS）または読み取りアクセスgeo冗長ストレージ（Standard_RAGRS）になります。ただし、コストを最小化するには、汎用v2ストレージとgeo冗長ストレージを選択すべきです。よって、[オプション1]はC、[オプション2]はDが正解となります。

[答] C、D

Q52

ポイント対サイト接続は、単体のコンピューターを仮想ネットワークへ接続し、あたかも仮想ネットワーク上のコンピューターであるかのように利用できる機能です。既存のポイント対サイト接続の環境に新しいコンピューターを接続するには、そのコンピューターにVPNクライアント構成パッケージをインストールします。また、認証方法として証明書を使用する場合は、クライアント証明書もインストールします。よって、AとDが正解です。

[答] A、D

Q53

Azure ADテナントにカスタムドメイン名を割り当てるには、対応するパブリックDNSゾーンに、Azureが指定したTXTレコードまたはMXレコードを作成しておく必要があります。よって、BとDが正解です。

[答] B、D

Q54

共有アクセス署名（SAS）により、Azureファイル共有などのAzure Storageに対するアクセス権限を詳細に制御することができます。設問の図のSASでは、有効期間が2021年4月1日から30日まで、IPアドレスの範囲が10.0.0.10から10.0.0.50までのコンピューターにアクセスが許可されています。したがって、[日時2021/4/2、IPアドレス10.0.0.7のコンピューターがアクセスした場合]は、IPアドレスが範囲外となるのでアクセスできません。一方、［日時 2021/4/10、IP アドレス 10.0.0.50 のコンピューターがアクセスした場合］は、有効期間、IP アドレスともに範囲内となり、与えられているアクセス許可にもとづいてアクセスできます。よって、B と G が正解です。

［答］B、G

Q55

Azure Monitor アラートでは、アラートのしきい値を設定するアラートルールと、通知を設定するアクショングループが必要です。設問では、4 つのメトリックをしきい値としているため、アラートルールは単純に 4 つ必要です。なお、アラートをそれぞれ別々の管理者に対してメールで通知していますが、これは 1 つのアクショングループにまとめることができます。よって、B が正解です。

［答］B

Q56

移行サービスを使用せずに、Hyper-V 仮想マシンのディスクファイルを使用して、Azure 仮想マシンへ移行する場合、移行可能な Hyper-V 仮想マシンの世代は第 1 世代のみ（第 2 世代は不可）で、ディスクファイルの形式は vhd 形式のみ（vhdx 形式は不可）です。設問の図では、Hyper-V 仮想マシンのディスクファイルが vhdx 形式を使用しているため、移行前に、これを vhd 形式へ変換する必要があります。よって、C が正解です。

［答］C

Q57

Azure AD Premium P2 ライセンスは、Azure AD の有償のエディションであり、これを使用するにはライセンスが必要です。ライセンスはユーザーごとに割り当てて使用します。なお、割り当ては、Azure ポータルから［Azure Active Directory］メニューを開き、［ライセンス］ブレードで行います。よって、A が正解です。

［答］A

Q58

Network Watcherの［ネクストホップ］は、ルートテーブルにもとづいて、ターゲットの仮想マシンから宛先のIPアドレスへのネクストホップを調査するため、このシナリオの解決策にはなりません。よって、Bが正解です。

［答］B

Q59

Network Watcherの［接続モニター］は、接続の到達可能性、待機時間、およびネットワークトポロジの変更を追跡するため、このシナリオの解決策にはなりません。よって、Bが正解です。

［答］B

Q60

Network Watcherの［IPフローの検証］は、ネットワークセキュリティグループにもとづいて、ターゲットの仮想マシンから宛先のIPアドレスへのアクセスの許可／拒否を調査するため、このシナリオの解決策となります。よって、Aが正解です。

［答］A

Q61

1つの仮想ネットワークで3階層システムをデプロイすることが可能です。また、ユーザー要件には、「3階層の各層は、個別のセキュリティレベルで保護されること」とあるので、セキュリティレベルを分離するためにサブネット数を3つにすることが有効です。よって、AとFが正解です。

［答］A、F

Q62

インターネットからのアクセスを負荷分散するAzureサービスは、パブリックロードバランサーとAzure Application Gatewayです。よって、AとCが正解です。Bの内部ロードバランサーは、仮想ネットワーク内からのアクセスを負荷分散できますが、インターネットからのアクセスを負荷分散することはできません。また、D

の Azure VPN Gateway は、オンプレミスネットワークや単一のコンピューターをインターネット経由で仮想ネットワークへ接続するサービスであり、負荷分散サービスではありません。

[答] A、C

Q63

Azure Backup を使用するには、まず、バックアップデータが保存される Recovery Services コンテナーを作成する必要があります。よって、C が正解です。

[答] C

Q64

Azure Data Box は、オンプレミスと Azure Storage 間で大容量のデータを交換するオフライン型のデバイスです。既定では Azure Data Box の容量は 100TB であり、一般的なコピーツールを使用して、簡単な操作でデータをコピーした後、Azure データセンターへ輸送することができます。Azure Data Box を介したデータ交換は、Azure Storage の Blob とファイル（ファイル共有）をサポートしていますが、テーブルやキューはサポートしていません。よって、A と B が正解です。

[答] A、B

Q65

Azure Network Watcher の機能の 1 つである NSG フローログは、ネットワークセキュリティグループで処理した IP トラフィックを Azure Storage へ記録することにより、外部のツールで分析できます。よって、C が正解です。

[答] C

索引

よ

ら

り

る

れ

ろ

【著者プロフィール】

吉田 薫（よしだ かおる）

NEC マネジメントパートナー株式会社 人材開発サービス事業部
シニアテクニカルエバンジェリスト

日本電気（NEC）に入社後、教育部へ配属される。オフコン、OS/2、NetWare などの製品トレーニングを担当し、現在は NEC マネジメントパートナーおよび日本マイクロソフトにてクラウド技術のトレーニングを担当している。
日本におけるマイクロソフト認定トレーナーの第一期生であり、20 年以上のマイクロソフト製品トレーニングのキャリアを有する。高い技術力が認められ、米国マイクロソフトより、18 年連続で Microsoft MVP を受賞している。この他、『合格対策 Microsoft 認定 AZ-900：Microsoft Azure Fundamentals テキスト＆問題集』（リックテレコム）、『すべてわかる仮想化大全』（日経 BP）など書籍や雑誌と Web を介して技術原稿を多く寄稿している。
〔保有資格〕
Microsoft Certified：Azure Fundamentals
Microsoft Certified：Azure Administrator Associate
Microsoft Certified：Azure Solutions Architect Expert
AWS Certified Solutions Architect - Associate
AWS Certified Solutions Architect - Professional

合格対策（ゴウカクタイサク） Microsoft（マイクロソフト）認定試験（ニンテイシケン）
AZ-104（エイゼット）：Microsoft Azure Administrator（マイクロソフト アジュール アドミニストレータ） テキスト＆演習問題（アンドエンシュウモンダイ）

2021年10月 8 日 第 1 版第 1 刷発行
2023年 9 月 7 日 第 1 版第 3 刷発行

著　者　吉田 薫
発行人　新関 卓哉
編集担当　古川美知子、塩澤 明
発行所　株式会社リックテレコム
〒113-0034
東京都文京区湯島 3-7-7
振替　00160-0-133646
電話　03(3834)8380(代表)
URL　https://www.ric.co.jp/
装　丁　長久雅行
組　版　株式会社トップスタジオ
印刷・製本　シナノ印刷株式会社

●訂正等
本書の記載内容には万全を期しておりますが、万一誤りや情報内容の変更が生じた場合には、当社ホームページの正誤表サイトに掲載しますので、下記よりご確認ください。
＊正誤表サイトURL
https://www.ric.co.jp/book/errata-list/1

●本書の内容に関するお問い合わせ
FAXまたは下記のWebサイトにて受け付けます。 回答に万全を期すため、電話でのご質問にはお答えできませんのでご了承ください。
・FAX：03-3834-8043
・読者お問い合わせサイト：
https://www.ric.co.jp/book/のページから「書籍内容についてのお問い合わせ」をクリックしてください。

製本には細心の注意を払っておりますが、万一、乱丁・落丁（ページの乱れや抜け）がございましたら、当該書籍をお送りください。送料当社負担にてお取り替え致します。

ISBN 978-4-86594-308-5